无废生活
从我做起

青少版

生态环境部宣传教育中心
组织编写

全国百佳图书出版单位
化学工业出版社

内 容 简 介

本书结合青少年生活普及无废城市与无废生活相关知识，分为上下篇，上篇主要涉及无废城市的相关概念、目标、案例、无废城市与无废生活基本知识等；下篇结合衣、食、住、行等为青少年在生活中践行无废生活提供具体指导。

本书是专门为青少年朋友编写的，可作为青少年朋友了解无废城市和无废生活的课外读物，也可供各类青少年教育工作者以及一切关心青少年成长与发展的人们阅读参考。

图书在版编目(CIP)数据

无废生活从我做起：青少版 / 生态环境部宣传教育中心组织编写.一北京：化学工业出版社，2022.9
ISBN 978-7-122-41889-0

Ⅰ.①无… Ⅱ.①生…Ⅲ.①垃圾处理－青少年读物
Ⅳ.①X705-49

中国版本图书馆CIP数据核字（2022）第130662号

责任编辑：左晨燕　　装帧设计：溢思视觉设计 E-mail: isstudio@126.com / 李申
责任校对：杜杏然

出版发行：化学工业出版社
（北京市东城区青年湖南街13号　邮政编码100011）
印　　装：北京缤索印刷有限公司
710mm×1000mm　1/16　印张 16¼ 字数 219 千字
2023年1月北京第1版第1次印刷

购书咨询：010－64518888
售后服务：010－64518899
网　　址：http://www.cip.com.cn
凡购买本书，如有缺损质量问题，本社销售中心负责调换。

定　　价：78.00元

本书编委会

主　任： 田成川　徐　光

副主任： 何家振　房　志

主　编： 王　鹏　栾彩霞

副主编： 惠　婕　李承峰

编写人员（按姓氏笔画）：

王　芳　王　雰　王　鹏　田　颖　吕思迪　李欢欢

李承峰　张　雯　张君宇　武照亮　周　红　侯利伟

徐淑民　栾彩霞　梁宇萱　绳琳琳　董　雁　惠　婕

前言

亲爱的伙伴们:

当你拿到这本读物时，相信你会被四个字深深吸引住——“无废生活”。你会立刻展开思考，什么是“无废生活”？“无废生活”是什么样子？怎么做才能“无废生活”？很多个为什么盘桓在你的脑海中……

伙伴们，在当今世界，我们每时每刻都在享受着自然资源赐予的恩惠，可是有些伙伴却丝毫不懂得珍惜。在我们身边，常常会有伙伴把吃剩下的食物全部扔掉；有些伙伴出门的时候不关灯；有些伙伴不知道水资源非常珍贵，认为只要打开水龙头，水自然就会流出来。可是此时，在地球上的另外一些国家和地区，有很多和我们同龄的伙伴因为粮食短缺而互相争斗，有的伙伴只能以掺有泥土做成的饼勉强维持生命，还有许多饥饿的伙伴们正受到死亡的威胁。相信看到这些，书前的你心里会非常难过，也担心自己在未来会不会有上述这些伙伴的遭遇……

我们很幸运能读到这本书，它是由中华环境保护基金会、生态环境部宣传教育中心与百事集团于2020—2023年在我国7个城市（北京、上海、广州、武汉、德阳、威海、杭州）学校开展“无废校园建设及公众教育项目”为我们提供的科普读物，伙伴们心中很多的疑惑、想学习的知识都会在这本书里寻找到答案！

丰富的自然资源让我们过着如此多彩的生活，但它们也正一点点地从地球上消失。人们对资源的掠夺性开采与不合理利用，导致各种资源的枯竭，逐步影响着人类的可持续发展。书中，我们会对“无废生活”进行全面的解读。我们正在陆续建造保护我们人类健康生活的壁垒——“无废城市”，在书中你还会了解到什么是“无废城市”、“无废城市”的建设标准以及我们要怎样建造“无废城市”等相关知识。只有我们养成绿色健康的“无废生活”方式，未来“无废城市”的壁垒保护能力才会更加强大，我们才能更健康更安全地生活！

相信当伙伴们读完这本书后，就会明白进行“无废生活”是我们人类可持续发展的重要方式，同时也是我们人类保护自己的最有效的方法！现在，让我们一起在这本书里畅游吧，学习好方法，用你的小手拉着家人的大手，从我做起！

编者

2022 年 4 月

目录

上篇 探秘「无废城市」

『无废城市』让生活更美好

知识宝藏我来挖 

1.1 什么是“无废城市”

伙伴们，你们听说过“无废城市”吗？你们知道什么是“无废城市”吗？一提到“无废”，你们会不会就想到学校、小区和家庭里没有垃圾产生，工厂里没有废气、废水和固体废物排放，农民伯伯开展农业种植也没有废物产生了呢？其实不是这样的。

带着这样的疑惑我们来看看相对专业的解释。“无废城市”并不是没有固体废物产生，也不意味着固体废物能完全资源化利用，而是一种先进的城市管理理念，旨在最终实现整个城市固体废物产生量最小、资源化利用充分、处置安全的目标，需要长期探索与实践。因此，伙伴们需要在日常的生活与学习中尽量减少废物的产生，树立资源循环再次利用的意识，建设良好的城市循环体系，对各种废物实现无害化处理，这就是“无废城市”的基本理念。

2018 年 12 月，国务院办公厅印发《“无废城市”建设试点工作方案》（国办发〔2018〕128 号），开启了我国“无废城市”的建设历程。《“无废城市”建设试点工作方案》中明确指出：“无废城市”是以创新、协调、绿色、开放、共享的新发展理念为引领，通过推动形成绿色发展方式和生活方式，持续推进固体废物源头减量和资源化利用，最大限度减少填埋量，将固体废物环境影响降至最低的城市发展模式。

伙伴们，“无废城市”就是一种理念，随着我们继续的学习，相信你们会对这个理念有越来越多的认识，对建设“无废城市”会有更多的期待！

1.2 为什么要建设“无废城市”

了解了“无废城市”的概念，让我们再来了解一下我们国家为什么要建设“无废城市”。中国是世界上人口最多的国家，这一点想必很多伙伴都知道。但是你们一定没听说过，中国也是世界上产生固体废物量最大的国家，根据《2020年中国生态环境统计年报》，2020年，全国一般工业固体废物产生量为36.8亿吨，工业危险废物产生量为7281.8万吨。固体废物产生强度高，利用不充分，部分城市问题十分突出，与人民日益增长的优美生态环境需要还有较大差距。不知道各位伙伴们是否看到过“垃圾围城”或固体废物随意丢弃并长时间堆积的场面，或许你会感觉到辣眼睛、呛鼻子，正如下面图1-1中大家看到的，真的是满满的嫌弃。

想必我们都不愿居住在这样的环境中，而更期待生活在一个清洁、绿色的城市中。伙伴们，“无废城市”的建设，就是为我们今后的无忧生活建造生态健康的壁垒！

图1-1 固体废物堆积场景

1.3 探索建设“无废城市”的国际经验

其实，国际上很多发达国家和地区都提出了“零废物”发展战略，比如日本提出建设循环型社会；欧盟委员会2014年提出了“迈向循环经济：欧洲零废物计划”；新加坡提出了“零废物”的国家愿景；我国台湾地区提出构建“零废弃社会”的目标。他们的废物处理实践为我们提供了可借鉴的经验。

那么他们具体是怎么做的呢？比如日本通过促进生产、物流、消费以及废弃的过程中资源的有效使用与循环，将自然资源消耗和环境负担降到最低程度。欧盟委员会通过深化循环经济，推动产品、材料和资源的经济价值维持时间最大化、废物产生量最小化。新加坡通过减量、再利用和再循环，努力实现食物和原料无浪费，并尽可能将其再利用和回收。

典型案例

比利时布鲁日的“零食品浪费”战略

根据研究发现，在布鲁日每年有超过750000千克的食品会被零售商浪费掉，如果能够在这个基数上减少20%的食物浪费，可以节省相当于2540台太阳能锅炉所产生的二氧化碳。

为了推动“零食品浪费”战略的落地，布鲁日成立了布鲁日食品实验室。该实验室相当于与地方利益相关者搭建的知识平台和合作网络，自成立以来一直致力于推动布鲁日减少粮食浪费，并制定了粮食准则和相关行动计划。

例如，在2015年时，作为重要港口和鱼市的布鲁日，估算有179吨鱼没有被出售，而是被加工成动物食品。为此，食品实验室联系地方的利益相关者采取了三种措施来应对浪费现象：第一，为消费者创建网上商店，通过在线平台来销售那些不太受欢迎的鱼；第二，他们与当地的烹饪学校展开协作，让学校可以使用一些被丢弃的鱼来教学；第三，用那些不太受欢迎的鱼来开发新式的鱼类汉堡。

同时，布鲁日食品实验室通过打造美食节活动，促成食品的节约，并且有力地提升了公众对于零食品浪费的意识。如今，美食节每年都会吸引大量的群众参与其中，赢得了极大的社会声誉。

我们可以看出，尽管各国提法不尽相同，但核心是相似的，主要是为了建设一种新的经济体系和社会发展模式，从根本上解决自然资源瓶颈以及废物处置对稀缺土地资源的占用问题。我国“无废城市”的概念是国际上“无废”理念和实践的继承和发展，将“无废城市”所要解决的固体废物减量化、资源化、无害化的理念和需求与经济社会的可持续发展的要求有机融合。

伙伴们，上面的内容，可能你们无法全面理解，没关系，通过后面内容的学习，会解答你们的很多疑问，也会全面地带你们体验未来“无废城市”的“无废生活”。其实“无废城市”建设就在我们身边，我们每个人都是“无废城市”的建设者、参与者、贡献者和受益者，通过身边的小事，你们都可以成长为合格的“无废小达人”。让我们继续探索“无废城市”的奥秘吧！

通过上面对“无废城市”的介绍，想必大家已经开始憧憬我们未来美好的城市，按捺不住心中的激动了吧，有没有什么好点子呢？想不想成为你们心中的“无废小达人”呢？在这里，我们为大家提供一些建议，非常欢迎你们的参与，也十分期待你们可以提出自己的想法。

1.4 一起来看动画片

在我们国家的“无废城市”建设中，许多城市自发设计了有趣的“无废城市”动画片，有的城市还设计了自己的“无废城市”吉祥物呢。请带着你的爸爸妈妈、好朋友们一起来寻找和观看吧。

大家可以直接在网站上搜索：公益宣传动画片《无废城市让绍兴更美丽》、【渝小环讲科普】“无废城市”是什么、建设“无废城市”“铜”你携手共筑（图1-2）。

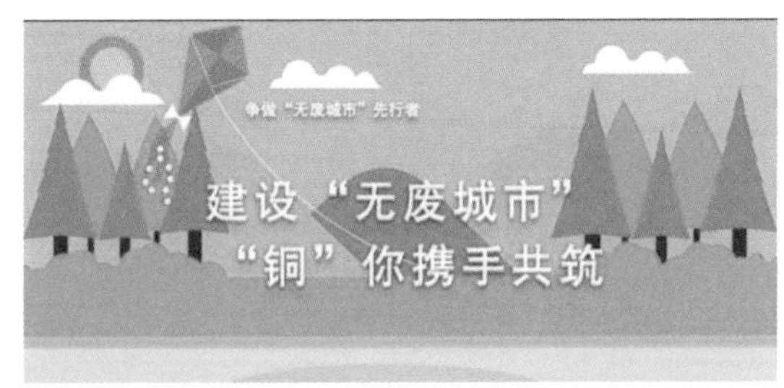

图 1-2 “无废城市”动画短片

小伙伴们也可以在生态环境部官网中的“无废城市”建设专栏中阅读文字、观看漫画及动画小视频，以更加丰富和生动的形式了解关于我国“无废城市”建设工作的更多信息和知识，相信大家会有不一样的体验和收获！许多地方还专门设计了“无废城市”的卡通形象（图1-3），一起来看看吧！

(a) 绍兴—“无废”小师爷　(b) 铜陵—豚豚

图 1-3 “无废城市”卡通形象

1.5 争做“无废城市”宣传人

通过上面的学习，我们了解了“无废城市”建设的基本内容和一些城市的典型经验，那么接下来我们就把所学到的知识转化为行动，带给你身边的人吧！

宣传理念、普及知识是“无废城市”建设的重要基础，通过你们的学习并积极分享自己的学习成果是响应“无废城市”建设的有利行动。课余时间，你们可以主动向自己的家人、邻居、朋友宣传讲解“无废城市”的发展理念和目标，宣传“无废城市”知识，争做“无废城市”建设的宣传者，见图 1-4。

图 1-4 “无废城市”宣传

第一步，学习并提炼和总结“无废城市”建设的相关知识，可以通过制作表格、漫画、PPT 和视频等形式进行展示。

方法 1：制作提示表格可参考表 1-1。

表 1-1 “无废城市”知识归纳总结表

问题回顾	答案总结
我国为什么要建设“无废城市”呢？	
什么是“无废城市”呢？	
世界上其他国家如何践行“无废城市”的呢？	

方法 2：通过视频的方式记录自己的学习过程以及生活中自己和家人是如何践行“无废”理念的，并与父母、老师、同学及邻居分享。

方法 3：积极参与学校、社区与其他相关志愿宣传活动也是很棒的方式，在活动中通过自己所学所知向其他人宣传无废理念，增强实践体验。

第二步，反思与成长。在学习与宣传中深刻认识无废城市建设的意义，不断反思如何促进自己和他人更好、更快地实现无废生活。

2 “无废城市”是怎么建设的？

知识宝藏我来挖 

前面的内容让伙伴们了解了“什么是无废城市”，在我们走向“无废时代”的进程中，离不开我们每个人的共同努力，那么伙伴们知道我们应该如何参与“无废城市”建设吗？让我们一起来学习吧。

2.1 “无废城市”建设的目标

各位小伙伴们需要清楚的是，“无废城市”建设是一项系统工程，不仅要解决城市固体废物问题，还要解决包括环境、社会、文化等在内的多维城市治理问题，让每个人享有美好的人居环境。然而现阶段，由于我们各城市差异较大，难以采用统一的建设模式，因此我国通过建设“无废城市”试点的方式，进行固体废物减量化、资源化、无害化的制度、模式等方面的积极探索，进而形成一批可复制、可推广的现实经验。“十四五”期间我国将努力推动100个左右地级及以上城市开展“无废城市”建设，在此基础上，我们希望到2025年“无废”理念得到社会广泛认同，固体废物治理体系和治理能力得到明显提升，为在我国全面推行“无废城市”建设，最终建成“无废社会”奠定坚实基础。

2.2 “无废城市”建设的途径

青年学生是“无废城市”建设的重要力量，想必大家心里也都思考过“无废城市”建设的方式方法，比如你会想着不使用塑料购物袋、不使用一次性餐具……不错，伙伴们可以通过这些途径为“无废城市”建设作出贡献，但其实还有很多其他方面对“无废城市”建设也很重要。请大家和我继续探索。

2.2.1 工业领域固体废物减量化、资源化和无害化处理

各位小伙伴们，或许你们知道或亲眼见过工业生产过程中产生的固体废物，其产生量大且重复利用难度大，那么现实中我们应该如何处理不同环节、不同类别的工业废物呢?

（1）尾矿、煤矸石等矿业固体废物

尾矿、煤矸石（图 2-1 和图 2-2）等固体废物主要产生于矿业生产过程，我们应严格限制此类固体废物的总量增长，逐步消除历史堆存量，深化绿色矿山战略，有序开采矿产资源，逐步实现环境生态化。

图 2-1　尾矿

图 2-2　煤矸石

（2）冶炼渣等工业固体废物

图 2-3　工业冶炼渣

冶炼渣（图 2-3）主要产生于工业生产过程。首先，我们应减少源头产生量，强化金属冶炼加工等企业的清洁生产标准要求；其次，以汽车、电子电器、机械等行业为重点，开展绿色设计、绿色供应链设计等，提高终端产品生产过程再生资源的使用比例；再次，加强落实终端产品生产责任延伸制，提高终端产品报废后的回收利用，逐步提升全产业链资源生产率和循环利用率。

（3）工业副产石膏、粉煤灰等工业固体废物

我们应促进此类固体废物的最大化综合利用（图 2-4 和图 2-5），建立

完善的标准体系，完善同类产品市场准入，规范和培育综合利用产业市场。

图 2-4　钛石膏综合利用

（4）历史遗留工业固体废物

首先我们需要做到的是控制新增量，探索实施“以用定产”政策，实现固体废物产消平衡。其次是要全面摸底调查和整治工业固体废物的堆存场所，逐步减少历史遗留固体废物贮存处置总量。

图 2-5　粉煤灰综合利用

2.2.2　农业领域固体废物减量化、资源化和无害化处理

各位小伙伴们，你们也许知道我国农业废物主要以畜禽粪污、秸秆、农膜、废弃包装物等为主，受我国农业生产习惯和生产结构影响，农业废物产生量难以降低，且具有受农时影响大、分布广泛、收集难度大等问题。因此，我们应积极发展绿色农业，实现农业废物就地就近全量利用。

（1）畜禽粪污

我国有大量的规模化养殖场，且分布情况不同。对于周边农田分布较多的地区，应促进种植业 - 养殖业相结合，并推动畜禽粪污肥料化和生物质发电等能源化综合利用；对周边农田分布较少的地区，应以加工为肥料为主，实现多途径利用（图 2-6）。

（2）秸秆

我国幅员辽阔，各地区自然条件和农业生产特点不同，我们需要因地制宜，结合秸秆还田、种养结合、能源化利用、基质利用、还田改土等不同技术，实现秸秆有效利用（图 2-7）。

图 2-6　畜禽粪污收集利用

图 2-7　秸秆有效利用

（3）农膜

农膜，也叫农用地膜，在我国很多农村地区农业生产中广泛使用，对提高地温，保持土壤湿度具有重要作用，但也容易造成固体废物污染。我们应建立有效回收体系，实现最大化回收。

（4）其他农业废弃包装物

如农药瓶、农药袋、反光膜等也是重要的农业废物来源，需要我们减少使用量的同时，更要建立制度化、长久化的回收体系。

2.2.3 生活领域固体废物减量化、资源化和无害化处理

生活领域固体废物主要是我们的生活垃圾，它与我们的生活方式和习惯息息相关，也是大家非常熟悉的固体废物来源，更值得我们每个人关注。

（1）一般生活垃圾

图 2-8 威海市农村生活垃圾分类收集房

生活垃圾分类与回收处理困扰我们许久，但是目前我们的分类回收效果仍然不是很好，大家想一想，应该如何更好地做好垃圾分类与有效回收呢？在城市，首先应建立完善的投运、清运、收集、利用、处置体系；其次应形成简便易行的分类规范；最后应加强信息公开与宣传教育。在农村地区，应强化“分类收集、定点投放、分拣清运、回收利用、生物堆肥”等环节，将垃圾治理与乡村振兴有效结合（图 2-8）。每个城市对于生活垃圾的分类都有着自己的方法和规定，以北京市为例，生活垃圾分为厨余垃圾、可回收物、有害垃圾、其他垃圾四大类。

（2）餐厨垃圾

应积极推进绿色生活理念，避免食物浪费，同时应以机关事业单位、餐饮酒店等服务业为重点，强化餐厨垃圾的规范收集和利用处置，避免进入非法加工渠道。

2.2.4 危险废物处理

废铅蓄电池、废弃农药瓶等都含有很多有害物质，它们都属于危险废物，如果随意丢弃危险废物，会对地下水体和土壤造成严重污染，也易对人体造成致癌、致畸等损害。危险废物绝大多数产生于工作生产过程，在日常生活中也会产生危险废物。你知道都有哪些吗？一起从图 2-9 中寻找答案吧！

图 2-9 家庭生活产生的危险废物

危险废物的主要特性是：腐蚀性、毒性、易燃性、反应性或者感染性。常用的处置方法可分为：物理处理、化学处理、生物处理、热处理和固化处理。

“无废小达人”成长记

2.3 化身“垃圾分类，无废社区”行动者

社区是居民生活和活动的重要场所，也是城市治理的基本单元，社区垃圾分类工作对“无废社区”和“无废城市”建设具有不可忽视的重要意义。各位小伙伴们可以参与“垃圾分类随手拍”活动，为社区垃圾分类建言献策。

首先，明确拍摄地点是：你们居住的小区。

其次，明确拍摄内容是：拍摄社区垃圾治理的现状，包括垃圾分类点的全景和不同种类垃圾桶内部及其他照片。

再次，明确拍摄流程：

①垃圾分类驿站、垃圾投放点的全景：通过照片可以了解垃圾分类点是否摆齐四类垃圾桶，投放点周边的环境是否整洁干净（图 2-10）。

②不同种类垃圾桶内垃圾构成：了解垃圾是否正确投放到对应的垃圾桶里（图 2-11）。

③是否有其他辅助设施，如拉手、脚踏、洗手池等便民设施，宣传牌、公示栏等宣传设施，视频监控等监督设施（图2-12）。

④居民丢垃圾时的状态、保洁员和督导员工作时的状态、回收小哥的工作状态等。

最后，根据自己一段时间内拍摄的照片，进行总结分析，看看是不是有什么规律，能否发现一些现实经验，希望大家能够通过实践活动为社区垃圾分类工作提出建议。

当然，此外还有很多“无废”行动值得大家探索和努力实践，如崇尚简约适度、绿色低碳、文明健康的生活方式和消费模式，主动使用可循环利用物品，减少使用一次性用品，减少购买过度包装商品，最大限度减少废物产生等。

图2-10　垃圾分类设施

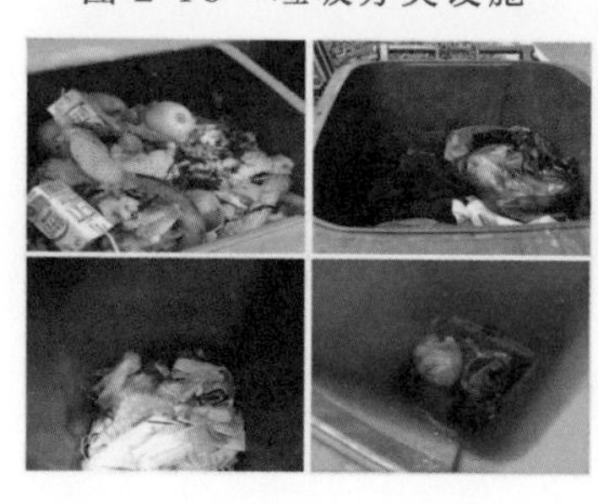

图2-11　居民垃圾分类情况

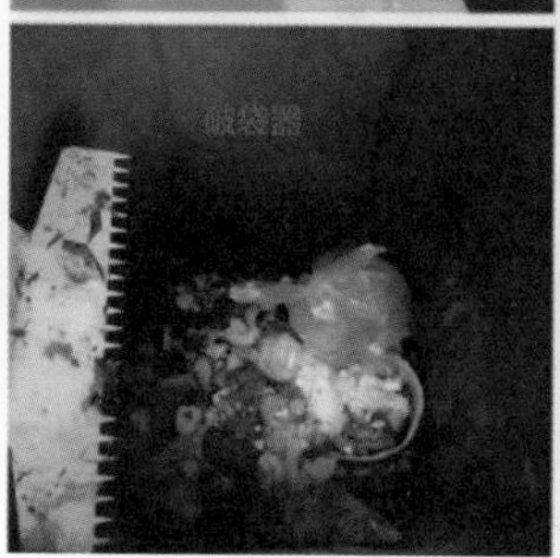

图2-12　垃圾分类辅助设施

让我们一起寻找「无废城市」

知识宝藏我来挖 

3.1 “无废城市”建设试点大探秘

各位小伙伴们，其实“无废城市”建设是一个长期的探索过程，需要先在小范围内尝试，积累经验，分步推进。对此，2019年，我国确定了11个城市和5个地区为“无废城市”建设试点城市（地区）。大家想知道它们都是哪些城市和地区吗？

大家或许对其中一些城市比较了解，有些或许不是那么熟悉，接下来给大家介绍这些城市和地区的基本情况，相信大家就可以理解为什么它们可以入选为“无废城市”建设试点城市（地区）了。

3.1.1 深圳市

深圳市地处珠江三角洲，位于粤港澳大湾区，是我国经济中心城市。可能有的小伙伴去过深圳市，相信你们一定被那里浓郁的现代滨海城市特色和常年阳光普照、繁花似锦的美景所吸引！其实深圳市建市仅40多年，由一个边陲小镇发展成为一座经济繁荣、法制健全、环境优美、文明和谐的现代化城市，在这里中西文化融汇交流，是中国与世界交往的重要基地，40年来创造了举世瞩目的“深圳速度”。深圳市是国家环保模范城市、卫生城市，有些区荣获“国家生态区”“国家绿色生态示范城区”“国家生态文明建设示范区”称号，全市6个项目获评中国人居环境范例奖，和北京、上海、广州并列为中国四大一线城市，但和其他三大一线城市比起来，深圳无疑还是个“小鲜肉”。因此其作为超大城市、经济特区、国际化城市代表入选试点。大家有机会可以一睹深圳风采，感受深圳的现代魅力和“无废”特色（图 3-1 和图 3-2）。

图 3-1　深圳市市民广场

图 3-2　深圳市平安国际金融中心

3.1.2　包头市

包头市位于华北地区北部、内蒙古中部，是内蒙古自治区的经济中心之一，也是我国重要的基础工业基地和全球轻稀土产业中心，被誉称“草原钢城”“稀土之都”。包头市是国家节能减排财政综合城市、生态文明先行示范区、循环经济示范市、城市矿产示范基地，先后荣获联合国人居奖、中华环境奖、全国文明城市等 20 多项荣誉，在环境保护方面，连续四次获得“全国环境保护系统先进集体”的称号。包头市作为西部地区传统工业型城市转型发展代表入选试点。

说到包头市，大家可能想到的是小肥羊火锅、羊杂碎、烤全羊等美食。确实，包头市不仅环境美丽，更是美食丰富，希望各位小伙伴有时间可以亲赴包头，感受包头之美（图 3-3 和图 3-4）。

图 3-3　包头市标志性建筑三鹿奔腾

图 3-4　草原上的“小布达拉宫”

3.1.3 铜陵市

铜陵市位于安徽省中南部、长江下游，是长江经济带重要节点城市和皖中南中心城市。铜陵素有“中国古铜都，当代铜基地”之称，是国家首批循环经济试点城市，第二批资源枯竭型城市转型试点市、首批循环经济示范创建市、工业绿色转型发展试点市。铜陵市作为有色金属工业基地、长江经济带资源枯竭型城市转型发展代表入选试点。说到铜陵，这里有大明寺、双龙洞、金牛洞、永泉旅游度假区、大通古镇、铜陵市西湖湿地景区、天井湖景区、铜陵凤凰山等著名景点，除此之外，铜陵还有着许多特色美食（图 3-5 和图 3-6）。

图 3-5 铜陵市丰收门

图 3-6 铜陵市博物馆

3.1.4 威海市

威海市位于山东半岛东端，是山东半岛的区域中心城市、重要的海洋产业基地和滨海旅游城市，也是第一批国家新型城镇化综合试点地区，是国家卫生城市、国家环保模范城市、省级生态市。威海海岸线长近 1000 千米，沿线海水清澈，松林成片，海鸟翔集，有 30 多处港湾、168 个大小岛屿。中心城区的威海国际海水浴场、下辖市乳山银滩和市文登小观金滩都是我国北方著名的海滩。刘公岛是天然植物王国，被誉为“海上森林公园”。海驴岛有“海鸥王国”之称。胶东半岛有 14 处温泉，威海就有 9 处。境内的成山头有“东方好望角”之称。威海市作为沿海开放城市、旅游型城市代表入选试点（图 3-7 和图 3-8）。

图 3-7 威海市九龙湾公园

图 3-8 威海市海边景观

3.1.5 重庆市

重庆市位于中国内地西南部、长江上游地区，是我国循环经济示范城市、餐厨废物资源化利用和无害化处理试点城市、国家首批推进建设的 50 个资源循环利用基地之一、建筑垃圾治理试点、国家第二批废铅酸蓄电池收集试点、国家生态文明建设先行示范试点、环保模范城市等。重庆市作为直辖市及西部地区和长江上游经济中心城市代表入选试点。

说到重庆，我们首先想到的是那里独特的吊脚楼。重庆城依山而建，两江环抱，平地缺乏。由于地势的缘故，绝大多数的建筑都需沿着山坡依次建造，而传统的重庆沿江民居，都是由几根木料撑着一间木楼的“吊脚楼”（图3-9），这种重庆独有的传统民居形式，最早可追溯到东汉以前。其次我们想到的就是重庆火锅了吧。重庆火锅（图3-10），又称为毛肚火锅或麻辣火锅，起源于明末清初的重庆嘉陵江畔、朝天门等码头船工纤夫的粗放餐饮方式，原料主要是牛毛肚、猪黄喉、鸭肠、牛血旺等，由于重庆火锅的影响，四川各地的火锅逐渐兴盛起来，使得四川火锅的源流更加丰富，内容更加充实，四川火锅以重庆火锅为主流，各地火锅为支流一起汇合成一条美食之河。现在重庆火锅也在全国各地流行起来，随时可以品尝它的“酸爽”。

图3-9　重庆吊脚楼

图3-10　重庆火锅

3.1.6　绍兴市

绍兴市地处浙江省中北部、杭州湾南岸，是长三角城市群重要城市、环杭州湾大湾区核心城市、杭州都市圈副中心城市。绍兴市是首批国家历史文化名城、联合国人居奖城市、全国文明城市、国家环境保护模范城市、国家卫生城市。绍兴市作为东部地区文化和生态旅游城市代表入选试点。

绍兴市是具有江南水乡特色的文化和生态旅游城市，它的东边与宁波市相连，西边与杭州市相连，南部临近台州市和金市，北部隔着钱塘江与嘉兴市相望；也是著名的水乡、桥乡、酒乡、书法之乡、名士之乡。绍兴素称“文物之邦、鱼米之乡”，有着2500多年的历史，那当然也就少不了文化古迹了。绍兴市的著名文化古迹有周恩来祖居、秋瑾祖居、王羲之故居、贺知章故居、鲁迅故居、禹陵以及兰亭等（图3-11和图3-12）。

图 3-11　绍兴市鲁迅故居

图 3-12　绍兴市柯桥区

3.1.7　三亚市

三亚市位于海南岛的最南端，是我国最南部的热带滨海旅游城市，“一带一路”海上合作战略支点城市，荣获国家首批“全国生态示范区”，获评“年度可持续发展低碳城市奖”。旅游产业是三亚市的支柱产业，2019 年三亚市接待游客高达 2294 万人次。三亚市作为旅游型城市代表入选试点。

三亚市作为著名的旅游城市，是我们每个人心中向往的地方，这里的旅游景点有：南山文化旅游区、西岛、天涯海角、玫瑰谷、黎苗风情村、鹿回头山顶公园、南国热带雨林等。丰富的热带旅游资源、醉人的民族风情、浓郁的热带海洋气息、神秘的热带雨林，自然瑰宝全都恩赐给三亚，也给我们带来放松与休闲的福利（图 3-13 和图 3-14）。

图 3-13　三亚市海景图

图 3-14　三亚市天涯海角

3.1.8　许昌市

许昌市位于河南省中部，是中原城市群、中原经济区核心城市之一，也是国家生态园林城市、国家卫生城市、全国文明城市，开展了国家循环经济试点、国家“城市矿产”示范基地、国家循环经济教育示范基地、全国 100 个农村生活垃圾分类和资源化利用示范城市等试点示范。许昌市作为中部地区区域副中心城市、农业主产区城市代表入选试点。

许昌地处中原，历史悠久，是华夏文化的重要发祥地。作为“曹魏古都”，许昌拥有厚重的文化氛围，形成了浓厚的古文化旅游资源，如史前文化系列、汉文化系列、三国文化系列、寺庙建筑文化系列、钧瓷文化系列等。目前，当地通过“三国文化旅游周”“禹州钧瓷文化节”和“中原花木交易会博览会”等现代节庆活动，以及“灞陵桥新春庙会”宣传古文化的魅力（图 3-15 和图 3-16）。

图 3-15　许昌市文峰塔

图 3-16　许昌市魏都区

3.1.9 徐州市

徐州市地处江苏省西北部、华北平原东南部，是“一带一路”重要节点城市，淮海经济区中心城市，中国工程机械之都，经济总量位居江苏省中间位置。徐州市是国家级循环经济试点示范市、国家级生态工业示范区、国家餐厨垃圾资源化利用和无害化处理试点城市、资源综合利用“双百工程”示范基地等试点示范，荣获 2018 年度联合国人居城市。徐州市作为东部地区资源型城市转型发展代表入选试点（图 3-17 和图 3-18）。

图 3-17　徐州市钟鼓楼

图 3-18　徐州市淮海战役纪念塔

3.1.10 盘锦市

盘锦市位于辽宁省西南部、渤海北岸、辽河三角洲的中心地带，是一座新兴石油化工城市，也是国家卫生城市、文明城市、全国资源型城市转型试点市、辽宁省城乡一体化综合配套改革试点市、国家首批生态文明先行示范区、国家生态文明建设示范市、国家全域旅游示范市、国家级海洋生态文明建设示范区、循环经济试点市等，是全国率先建设城乡一体化大环卫体系的城市之一。盘锦市作为振兴东北老工业基地战略下资源型城市转型发展代表入选试点。

盘锦市最有代表的是红海滩，红海滩风景廊道区坐落于盘锦市大洼县赵圈河镇境内，总面积 20 余万亩，这里以红海滩为特色，以湿地资源为依托，以芦苇荡为背景，再加上碧波浩渺的苇海，数以万计的水鸟和一望无际的浅海滩涂，还有许多火红的碱蓬草，成为一处自然环境与人文景观完美结合的纯绿色生态旅游系统，被喻为拥有红色春天的自然景观（图 3-19 和图 3-20）。

图 3-19　盘锦市湿地景观

图 3-20　盘锦市红海滩风景廊道区

3.1.11 西宁市

西宁市位于青海省东部，是青海省的省会，青藏高原的东方门户。西宁市是绿色“一带一路”建设重要支点城市，肩负“三江之源”和“中华水塔”国家生态安全屏障建设服务基地重任，是生态文明先行示范区、国家卫生城市、全国文明城市。西宁市作为欠发达地区、生态脆弱区城市代表入选试点（图 3-21 和图 3-22）。

图 3-21　西宁市城市绿色建筑

图 3-22　西宁市东关清真寺

3.1.12 雄安新区

雄安新区位于河北省中部，地处北京、天津、保定腹地，是国家级新区，肩负“千年大计”的历史使命，旨在打造新时代高质量发展的新型城市样板。雄安新区作为新建城市代表入选试点（图3-23和图3-24）。

图3-23 雄安新区容和塔

图3-24 雄安新区全景图

3.1.13 北京经济技术开发区

北京经济技术开发区位于北京市大兴区亦庄地区，是国家级经济技术开发区和国家高新技术产业园区，是北京市全国科技创新中心“三城一区”重要组成部分，旨在打造北京改革开放新高地和宜居宜业新城。北京经济技术开发区作为工业园区代表入选试点（图3-25和图3-26）。

图3-25 北京经济技术开发区全景图

图3-26 北京经济技术开发区街景

3.1.14 天津生态城

天津生态城位于天津市滨海新区，是中国、新加坡两国政府战略性合作项目，旨在打造可持续发展的城市型和谐社区。天津生态城作为城市型社区代表入选试点（图3-27和图3-28）。

图 3-27　天津生态城南湾公园一景图

图 3-28　天津生态城全景

3.1.15　光泽县

光泽县位于福建省西北部，闽江富屯溪上游，武夷山脉北段，是国家重点生态功能区、国家生态保护与建设示范区、国家级生态县。光泽县作为东部地区县代表入选试点（图 3-29 和图 3-30）。

图 3-29　光泽县崇仁明清古建筑

图 3-30　光泽县全景

光泽县名的由来，目前有三种说法：

一是以景好而命名。光泽，含山光水色之意。清康熙版《光泽县志》就以“青山耸翠，碧波潴秀”八个字来描绘县境的地理特征，指境内群山耸立，林海茫茫，形如绿宝石，熠熠生光；又是溪河纵横，涧泉稠密，百溪之水；全然集聚之地，把光泽二字注释得淋漓尽致。

二是以产银而成名。光泽，其字义是指物体表面反射的亮光。唐武德七年（624），割邵武县之北的光泽、鸾凤二乡置洋宁镇时，就有光泽乡之名了。传说，唐初时，光泽乡在北路，因太银的银矿质量很好，县令到光泽巡按时称赞“此银甚佳，光泽很好”，唐高祖李渊看到后也赞叹“此银妙哉，光泽佳矣”。地名因此而来。

三是以传说而得名。相传很久以前，光泽县叫乌纱县，白天黑夜都黑洞洞的，像是乌纱盖顶。原因是一条修炼了千年的黑龙精，把整个县城弄得天昏地暗、鸡犬不宁，后被下凡视察的二郎神除去。百姓为感激二郎神除灭龙精，重见光明，福泽人间，便把“乌君县”改叫“光泽县”。另一则传说是远古时代一个赤脚大仙赴王母娘娘蟠桃会路过此地时得知没有县名，看到四周光秃、平地窄小，便随口取名为“光平”。几年后这位大仙又去赴蟠桃宴，再拂云一看，此地已成凡间仙境，感叹这里的百姓勤快，今后定会福泽无边，于是就把“光平”改成“光泽”，代代相传沿用。

3.1.16 瑞金市

瑞金市是江西省直管县级市，位于江西省东南部，赣州市东部，是著名的红色故都、共和国摇篮、国家历史文化名城。瑞金作为中部地区县级市代表入选试点。

瑞金历史悠久，是客家人的主要聚居地和客家文化的重要发祥地之一。同时又是红色故都，当年中央苏区文化的中心，是共和国摇篮、中央苏区时期党中央驻地、中华苏维埃共和国临时中央政府诞生地、中央红军二万五千里长征出发地，是全国爱国主义和革命传统教育基地。2015 年 7 月，经国家旅游局正式批复，瑞金共和国摇篮景区成为江西第七、赣州首个 5A 级旅游景区。2015 年 8 月，国务院同意将瑞金市列为国家历史文化名城。2018 年 12 月，瑞金市喜获“2018 年度中国十佳脱贫攻坚与精准扶贫示范县市”（图 3-31 和图 3-32）。

图 3-31　瑞金市地标建筑

图 3-32　瑞金市中央革命根据地博物馆

小伙伴们，通过以上内容，你们可能已经了解到，这 16 个城市和地区能够成为我国“无废城市”的第一批试点，并不是因为它们已经达到了“无废城市”的先进程度，而是因为它们具有一定的工作基础，且具有很强的代表性呢！比如深圳作为国际化城市代表；包头、铜陵作为传统工业型城市代表，威海和三亚作为旅游城市的代表；北京经济技术开发区作为工业园区代表等。这些城市通过先行先试，取得了良好成效并积累了丰富经验，这些优秀做法可以被我们国家其他类似的城市所学习和借鉴，这和小伙伴们在学习过程中向有经验的同伴请教借鉴是一个道理呢！

除此之外，这16个城市和地区能够成为我国“无废城市”的第一批试点，很重要的一个原因就是这些城市政府具有非常强的积极性。在短短的两年试点期间，这16个城市通过大胆创新，在工业固体废物处置、农业废物利用、生活垃圾源头减量、无废文化培育等方面形成了97项经验做法，真的是太厉害了！小伙伴们，如果恰好你所在的城市就是这16个“无废城市”的第一批试点，相信你也会感到十分荣耀吧！如果你所在的城市没有进入第一批试点，也请不要着急和沮丧，从2022年开始，我们国家将在“十四五”时期，努力推动100个左右的城市开展“无废城市”建设呢，请你多多关注你所在城市的信息，积极参与进来吧！

“无废小达人”成长记

3.2 寻找你身边的“无废城市”

以上试点城市有你的家乡吗？或许你所在的城市正是我们的试点城市，你能够真切地感受到城市固体废物治理的变化；也许你所在的城市不是我们的试点城市，但在城市治理中也正积极践行无废理念，为我们“无废城市”建设默默付出努力呢！

现在请大家根据所学的“无废”知识，尝试寻找你身边的“无废城市”，看看你找到的城市在践行“无废”理念中是怎么做的，并通过记录卡（参考表3-1）的形式将你的发现保存下来。

步骤1：写下你最感兴趣的或者你最熟悉的或者你最想去的几个城市，比如成都市、昆明市、大连市、青岛市等。

步骤2：查阅政策文件或者收集这些城市在践行“无废”理念中的具体行动，并按照工业领域、农业领域、生活领域的固废处理情况分类整理，如果有条件你也可以亲自到你写下的这些城市做些实践调研，相信通过亲身体验，你会有更直接的感受。

步骤3：根据你整理的这些城市固体废物治理资料或者你的所见所闻，并结合我们为大家讲解的“无废城市”建设相关知识，判断你选的城市能不能称得上“无废城市”，并将你认为是或者不是的理由写下来。

步骤4：根据这些城市在“无废”领域的具体做法，试着进一步分析它们有什么经验和不足，把你认为可以继续改进的地方列出来，或许你可以写成“我为‘无废城市’建设建言献策”的小征文并寄送到该城市的相关部门呢！这样做会更有现实意义哦！

步骤5：在该活动中思考应该如何更好地改进我们的“无废”行为，并积极与你的家人、老师和其他小伙伴们分享，相信你会收获更多。

表3-1 寻找我身边的“无废城市”记录卡

我找到的“无废城市”	
城市名称	
建设方案	
具体行动	
你的建议	
反思与感受	

3.3 画一画你心目中的“无废城市”

通过以上学习和活动的参与，相信大家已经对“无废城市”比较熟悉了，也许大家心中也形成了各种各样的“无废城市”的影子，这些影子是你学习过程中逐步形成的果实，也是你对我们城市发展的一个期望，也许更是我们每个人共同努力的方向。那么接下来我们一起开启这样一个特别活动吧！

步骤1：请大家闭上眼睛，回顾一下我们前面的学习内容，并试着想象你心目中的“无废城市”是什么样的？你希望“无废城市”通过什么样的形式实现？我们每个人在其中能够做些什么呢？

步骤2：根据你的想象尝试画一画你心中的“无废城市”，并努力回答你的这座城市“无废”具体体现在哪些地方，为什么你认为它是“无废城市”。

步骤3：看看你的同伴画的是什么样子，你们之间有什么相同和不同的地方，对你有什么启示。

步骤4：将你的感想和启发分享给你的父母、老师和同学吧！当然啦，你也可以写成日记、随笔、诗歌等，作为自己学习的见证和努力的成果吧！

4 “无废城市”的组成部分

知识宝藏我来挖 

在大家心中，“无废城市”或许还是一个比较模糊和宏观的概念，“无废城市”建设涉及城市治理的各个方面。大家居住的社区，爸爸妈妈的工作单位，你们经常逛的商场、公园，心之向往的景区以及你们的学校都是“无废城市”建设的关键场所，可谓是大大小小的“无废细胞”，因此培育和建设“无废细胞”是建设“无废城市”的基础。但各类“无废细胞”存在很大差异，需要我们采取有针对性的措施。

4.1 无废学校

除了家庭，学校是大家的另一个家，因此学校将是大家践行“无废”理念的重要地方，也是“无废细胞”培育的重点对象。未来，不仅伙伴们在学校里要接受“无废城市”相关知识的学习，你们的老师也要进行相关学习。大家学习的方式有很多种，通过新闻媒体、教育微信、微博等媒体平台，专业老师指导，学校网站、校园广播、校园宣传栏等；未来，学校会有生活垃圾分类、废物再利用等专业的环境保护课程和老师，你们和老师们也都会收到各种宣传手册，学习资料；学校也会组织你们参观相关展览、开展知识竞赛等各种活动，不仅伙伴们要参与，你们要拉着老师的手、家长的手一起参与其中！只有我们把专业知识学会并掌握，才能知道如何在“无废学校”“无废社区”“无废城市”里生活与学习！

典型案例

绽放魅力的“无废校园”这样炼成!

在这里我们向大家介绍的“无废校园”建设案例是位于威海市的普陀路小学。这里的师生在“垃圾分类减量、无废校园打造”等方面做了有益探索。师生已养成“垃圾减量、分类回收、变废为宝”的好习惯，校园垃圾源头减量方面成效明显，平均每周垃圾倾倒量由原来 20 多桶降到 10 桶以内，垃圾回收增加 10% 以上。那么接下来我们一起看看他们是怎么做的吧。

一、设立艺术长廊，培育“无废”文化

学校每个楼层走廊都被师生变废为宝的作品所装饰，校园内，各种垃圾变身作品全可以寻到，就连下水井盖也被师生妙手描绘的环保节日宣传画披上了“生态美容妆”。

二、不要垃圾，要宝藏

班级、办公室自主设计分类回收箱，从源头进行垃圾分类回收，每周五送回收亭回收；学校将垃圾桶分为可回收物、厨余垃圾、有害垃圾和其他垃圾四大类，每天安排专人负责检查师生投放并予以评价，结果与班级及教师期末考评直接挂钩；每周五回收小组对教师办公室、各班级回收进行评价，纸张未用完而丢弃减生态币，回收整齐且无浪费奖生态币，可用来兑换奖品、实现梦想，激励大家从点滴小事做起，日积月累养成“垃圾分类减量”生态环保的好习惯（图 4-1）。

图 4-1　威海市普陀路小学在开展垃圾分类回收活动

4.2 无废机关

在各地“无废城市”建设进程中，政府部门要从自身出发，开展“无废机关”创建工作，践行绿色办公、绿色采购、绿色餐饮、绿色环境。

绿色办公提倡使用钢笔书写，逐步减少一次性签字笔使用量；节约办公用纸，控制内刊印刷量，减少复印量，采用双面打印，减少纸质材料发放量；加强电子信息化建设，推行无纸化办公；非特别需要，办公区域不提供一次性瓶装水，提倡使用自用杯具和公共饮水设备；控制会议数量和规模，提倡少开会、开短会，杜绝重形式、比规格、讲排场等铺张浪费现象；加强办公用品管理，建立办公用品领取使用台账制度。

绿色采购建议在购置办公设备、办公用品时，优先采购高效、节能、节水或有环保标志的产品，不采购国家明令禁止使用的高耗能设备或产品；使用节能、节水、环保餐饮设施设备，引导绿色食品采购，加强食堂精细化管理；建立采购台账制度。

提倡绿色餐饮，深入开展反对食品浪费行动，倡导“光盘”行动；探索按需配餐和按时就餐模式，引导干部职工养成爱惜粮食、节约粮食的良好习惯；不提倡外卖就餐；禁止使用一次性不可降解塑料餐具。

营造绿色优美的办公环境，办公室、楼层过道等部位常年摆放绿色植物，定点维护，定期更换；优化垃圾桶布局，清除卫生死角。

伙伴们，未来你在学校就会看到“无废办公室”，你们的老师在办公室里要推广绿色办公模式；等伙伴们长大了，进入社会工作后，你们也会在自己的办公室里进行绿色办公的！所以“无废城市”的建设，是未来城市建设的重要目标，“无废生活”习惯的养成是我们每一个人的责任和义务！只有养成“无废生活”的好习惯，我们才能在“无废城市”里更健康地生活，“无废城市”这个保护我们人类可持续发展的壁垒才会更坚实！

典型案例

“无废机关”徐州先行

徐州市率先在全市机关开展“无废机关”创建活动，制定无废机关实施方案、举行无废机关创建启动仪式（图 4-2）、签名活动，张贴“无废机关”宣传海报，制作“无废城市”创建宣传展板，印发无废机关倡议书，倡导和践行绿色工作生活方式，带动形成全市“无废文化”社会氛围。

徐州市提倡要把“无废机关”的创建与推进机关建设相结合，倡导推广办公自动化，推行纸张双面打印；节约用水用电用暖，室内空调温度设置夏季应不低于26℃、冬季应不高于20℃；认真做好垃圾分类的收集和投放，采用节能环保的餐饮设备设施，积极推行“文明就餐”“光盘行动”；积极开展控烟活动，倡导绿色出行，尽量减少使用一次性纸制品，加快推进实现机关固体废物产生量最小、资源化利用充分、处置安全的目标。

图4-2　徐州“无废机关”启动仪式

4.3　无废社区

社区是我们每一个人生活的基本单元，也是“无废细胞”建设的重要阵地。

伙伴们，未来我们生活在“无废社区”里，就要遵循“无废社区”建设的要求，例如：垃圾分类，我们每一人都要进行规范的分类及投放，并熟悉各品类垃圾的收集与处理方式；未来，很多社区都会有自己的厨余垃圾就地化处理体系，我们要遵循各社区的要求将自己家庭产生的厨余垃圾按照要求进行分类收集与投放，只有这样，才能实现就地化处理的无废理念！在未来的“无废社区”里，我们家庭装修产生的固体废物及大件垃圾也要按照要求进行分类堆放。“无废社区”关于快递的包装，绿色购物也都会有统一的要求。此外，社区会定期进行相关知识及生活方式的引导与宣传，还会制订“无废社区”居民绿色公约，积极参与学习与遵守是我们正确的态度，只有学习明白了“无废生活”的真正意义与方式，“无废生活”生活习惯才能养成，“无废城市”的建设才有真正的意义！

典型案例

打造名副其实的“花园社区”

位于威海市的花园社区，借助“无废城市”创建的契机，组织开展了一系列活动：打造“墙上农场”项目，解决了泡沫箱种菜、毁绿种菜等影响社区整体形象的现象；设置公共的厨余堆肥桶，利用厨余垃圾堆肥，用于给“墙上农场”的蔬菜施肥，同时也向居民免费发放厨余发酵堆肥桶和发酵菌，引导居民利用厨余垃圾发酵制作肥料；建设酵素房，在社区推广环保酵素的制作和使用方法，将吃剩的干净果皮、菜叶等果蔬垃圾发酵成为环保酵素，社区居民也可以将家中的果蔬垃圾兑换酵素使用；配备了雨水收集器，通过水管将收集的雨水引入雨水收集器，用于浇灌“墙上农场”的蔬菜；引入了智能化垃圾分类装置，对生活垃圾中的可回收物和有害垃圾进行分类收集，系统会根据投入垃圾的类型和重量向居民返还储值金额，大大提升了居民进行垃圾分类的积极性（图 4-3）。

庭院环保堆肥箱

墙上农场

社区雨水收集器

智能垃圾箱

图 4-3　花园社区部分“无废”设施

4.4 无废饭店

伙伴们，生活中我们会时常去饭店就餐或住宿，无废饭店也是“无废细胞”建设的一个重要内容。

未来会有很多无废饭店出现，那什么是无废饭店呢？首先我们的食物是绿色健康的，饭店里不允许浪费一粒粮食；在饭店用餐后打包用的餐盒都是环保的，但要付费，你不想花钱买打包盒，在点餐时就要有吃多少点多少的意识，这样就可以做到光盘行动，既节省了买打包盒的钱，同时也实现了减少厨余垃圾产生的目标，一举多得的好事！在无废饭店，我们也要进行垃圾分类，因为很多无废饭店会有餐厨垃圾就地化处理设施，通过分类，将餐厨垃圾进行就地化处理。未来随着无废饭店的陆续出现，我们外出用餐也会有新的无废体验，让我们期待吧！

同时，未来伙伴们在住宿时，酒店也将不会主动提供一次性洗漱用品，客房用品包装也会简化，大家出行前要根据自己的需要提前准备并带好需要的洗漱用品，在住宿时做好垃圾分类。

典型案例

精心打造“无废饭店”，老牌宾馆焕发新活力

重庆雾都宾馆创建“无废饭店”，使得老牌宾馆焕发出新的活力。如果小朋友有机会来到重庆雾都宾馆住宿，你会发现宾馆大厅、自助餐厅的 LED 屏滚动播放着“无废城市”创建工作相关视频并张贴相关海报。在宾馆大厅、客房楼层、公共场所、厨房、员工食堂等区域，近 200 个大小垃圾桶张贴了统一的垃圾分类标识，规范设置了垃圾分类临时存放点。在重庆雾都宾馆自助餐厅内，每一张餐桌上都摆放了“珍惜粮食拒绝浪费”提示牌；客房床头柜上摆放了自行决定是否更换床单提示牌；客房卫生间摆放了需要一次性洗漱用品请致电的提示牌……为了让宾客加入“无废饭店”创建行动中，重庆雾都宾馆从细节入手，将精心准备的提示牌放在了宾馆的每一个角落。

4.5 无废景区

伙伴们，平时我们会去公园游玩，去其他城市旅游，去别的国家旅行，旅行对于每个人来说都是开心愉悦的，同时也会给我们带来很多意想不到的收获！在未来的各个“无废城市”里都有各种美丽的“无废景区”，让我们提前体验与众不同的无废之游吧！

未来的“无废景区”从购票就进入了电子购票模式，没有纸质票，随着进入景区，我们就会听到关于文明游园及爱护景区生态环境的宣传广播；在园区你也会参与到垃圾分类中，各种不同品类的垃圾容器引导你分类投放；在景区餐厅用餐，也会遵循节约粮食的原则，进行文明用餐；你点的新鲜时蔬，没准就是这个园区生态菜园种的绿色蔬菜，种菜用的肥料就是餐厅的餐厨垃圾经过就地化处理后生产的生物有机肥；你划船时的湖水，当洒水车经过我们身边洒出的水，为我们灌溉绿植时用的水，也可能是将一些景区产生的废水，经过高科技资源循环体系处理后产生的中水；你也会坐在利乐包装盒变废为宝后制作的凳子上进行休息；在公园商品街你也要进行绿色消费，没有一次性塑料袋，没有塑料吸管等。当你感叹每个景区的美丽与壮观时，别忘了，这些都是我们的无废文明行为给我们带来的美丽与健康！这样的绿色之游，你期待吗？

典型案例

提升改造红色景区，追溯“无废理念”的根和源

瑞金市以将红色景区打造为“无废理念”宣传基地为目标，对红井景区、叶坪景区、二苏大景区等红色景区进行全方位软硬件升级；对中央革命根据地历史博物馆的陈列馆展区进行改展升级，再现苏区时期克勤克俭、厉行节约的精神，追溯“无废理念”的根和源。各景区根据实际情况，完善分类垃圾桶设置，对景区内的垃圾进行分类，废物回收再利用；通过将无废元素渗入到景区显示屏、发放宣传单、讲解员的解说词以及培养红色小导游等多种方式提升游客对“无废城市”建设的知晓率；引导各景区内商家、店铺不免费提供一次性用品，推广使用可循环利用物品和旅游产品绿色包装，同时在旧址维修建设中和消防安防设施建设推广中使用绿色材料、再生产品。

“无废小达人”成长记

4.6 创造我的“无废之家”

在纽约，一个名叫 Lauren Singer 的 25 岁女孩儿，四年来累积的生活垃圾不到 500 克，平均每天只有 0.34 克，相比较世界人均生活垃圾日产量 740 克，Lauren 的垃圾产生量只有全球人均量的万分之 4.6。你想不想在生活中向 Lauren 学习，成为一个“无废达人”呢？那么开始创造你的“无废之家”吧！

步骤 1：基于你对“无废”知识的学习和理解，为自己创建“无废之家”制订一个实施计划，比如准确做到垃圾分类，每天减少废物产生 50 克……

步骤 2：将你家目前已经产生的固体废物尽可能分类处理掉，如废旧电器、废旧衣物等进行分类回收。

步骤 3：准备一些简单的必备工具，如电子秤、环保塑料袋、垃圾分类标志、垃圾分类装置等。

步骤 4：记录你在日常生活的衣食住行中固废的产生量和变化量，思考我们如何在生活中尽可能减少固废产生。

4.7 我为“无废校园”做贡献

也许你在为如何处置堆积如山的快递箱、草稿纸和旧书发愁，作为青年学生，你们可以组织“废纸回家，我为无废校园做贡献”系列回收活动，对学校同学、老师积攒的废纸进行统一回收处理，既能减少废物污染，又能实现资源循环利用。

步骤 1：和老师及你的小伙伴们完成活动策划，明确活动时间、地点、范围、奖惩机制等。

步骤 2：通过学校老师或者宣传栏、宣传单等形式宣传活动内容，普及活动意义，鼓励大家积极参与。

步骤 3：每周固定时间、固定地点收集老师和同学们在这一周学习中积攒下来的废纸，并详细记录每个老师、同学贡献的纸量，可以以纸张的厚度或者重量作为衡量标准。

步骤 4：给予每位参与者一定的奖励，如奖励积分、赠送小礼品等，并可作为同学们参与志愿服务时长，同时每学期学校可以举办一次评选活动，授予同学们“环保之星”“无废小达人”等荣誉称号。

下篇 寻宝「无废城市」

5 “无废城市”的生活之谜

5.1 我的 DIY 小屋

知识宝藏我来挖

5.1.1 “无废城市”的无废生活

伙伴们，通过本书上篇的阅读，相信你们已经对“无废城市”有了全面的了解，“无废城市”是我们未来要实现的城市建设目标，相信伙伴们也都期待着未来在“无废城市”里的绿色新生活！那么“无废城市”里的绿色新生活是怎样的呢？

“无废城市”并不是指一个城市没有废弃物产生，而是从城市管理的角度，降低城市固体废弃物的产生，有效利用固体废弃物，并解决历史堆存的固体废弃物，从而保证生态环境良性循环。

伙伴们，这段话其实是告诉我们，在“无废城市”里，不是要杜绝垃圾的产生，因为我们人类的正常生活，离不开吃、喝、用、住、行等，有这些行为的存在就会产生“废弃物”。那产生了怎么办呢？就需要通过一个绿色循环体系，进行变废为宝、无害化处理等；当然关键还有一点，我们要通过一些方式方法，在日常生活中少产生“废弃物”。说到这里就让我们想到关于“无废城市”建设的四个原则：可见、可减、可用、可消（图 5-1）。

“可见”就是全过程监控，把所有废弃物置于监管之下，彻底杜绝废弃物无组织排放。

“可减”就是源头减量，缓解环境压力。

图 5-1 “无废城市”四原则

“可用”就是通过各种方法进行废物的循环利用，变废为宝（图 5-2）。

（a）废弃奶粉桶变身纸巾盒

（b）废报纸变身收纳筐

（c）废轮胎变身记

（d）旧衣物变身记

图 5-2 废物循环利用

“可消”就是最大限度消除废物末端处理的环境影响（图 5-3）。

图 5-3 实现无害化处理

伙伴们，通过上面的回顾与学习，你们是不是已经对“无废生活”的一些方式有所了解了呢？没错，在“无废城市”生活，我们就要用节约、节俭、不浪费等文明行为约束我们自己，进行一种绿色生活。

典型案例

2022 北京冬奥会和冬残奥会共使用 39 个场馆，其中 10 个利用既有场馆遗产、4 个利用土地遗产。从 6 小时完成“冰篮转换”的五棵松体育中心、由“水立方”变身“冰立方”的国家游泳中心，到国家雪车雪橇中心和“冰丝带”等场馆建设中展现出的先进科技，再到首钢老工业园区改造和延庆赛区打造“山林场馆”的环保方案，北京冬奥场馆始终坚持绿色低碳、可持续发展的设计理念。

5.1.2 什么是 DIY？

DIY（自己动手）这个概念起源于 20 世纪 60 年代的西方欧美地区，至今已有 60 多年的历史了。因为在西方欧美的一些国家，雇佣人工的薪资太高了，当老百姓家里的一些住宅需要修缮或家居需要布置时，他们尽量不找外面的工人，自己利用家里适当的工具及材料动手完成，这样不仅节省了生活的开销，也使更多人发现了 DIY 装修的房屋更具个性，你无论把它装修成什么样都与众不同，而且自己最为满意。他们把装修及布置房子变成了工作以外的一大乐事，不仅减轻了工作的压力，而且自己竟学习了一门本事。此外，DIY 还可以让自己选择最好的材料。于是 DIY 便风靡起来，内容也变得包罗万象，见图 5-4 和图 5-5。

图 5-4　DIY 纸浆相框

图 5-5　废旧木材 DIY

开动大脑，用你的双手去创造，这是 DIY 的最高境界；只要想得到，就能做得到，这就是 DIY 精神的体现！DIY 的理念是：源于自然，回归自然。令你放松身心，去感受我们身边一切美丽的事物。

5.1.3　“无废城市”里的“神秘小屋”

伙伴们通过上面内容的学习，能够想象到“无废城市”里的“神秘小屋”是什么样子吗？没错，就是利用可以找到的现有资源，自己动手，自己创意，制作各种家居用品来布置自己的房间。用这样的方式建造独一无二的专属自己的绿色神秘小屋，这也是未来“无废城市”里的一道亮丽风景线！

下面让我们一起来寻找“神秘小屋”里的秘密吧！

每天我们放学回家推开房门，首先就要先换鞋子吧？看看我们“神秘小屋”里的鞋架（图 5-6）是什么做的呢？

图 5-6　神秘的鞋架

揭晓答案：左边是废弃木门改造变身为鞋架；右边是废弃塑料箱变身为鞋架。

换了鞋子，我们来到客厅，坐在沙发里休息看电视，让我们看看“神秘小屋”里的客厅吧（图 5-7）。

图 5-7　神秘的客厅摆设

伙伴们，客厅里摆放的这些家具的神秘之处在哪里呢？

揭晓答案：上面的这些家具分别是使用废轮胎、废旧书本、废旧门板、废旧木材制作而成的。

伙伴们，看到这些神秘之处了吗？这些是不是独一无二，是不是我们自己的专属呢？我们走进卧室继续探秘吧（图 5-8）。

图 5-8　神秘的卧室摆设

来看看吧，伙伴们，上面四张图里的神秘之处是什么呢？

揭晓答案：载物柜是废旧木板和废旧塑料箱变身而来；床头柜是废旧旅行箱变身而来；壁柜是废旧塑料箱变身而来；卧室洗漱间是废旧轮胎变身而来。

伙伴们，我们再看看图 5-9 这些，废旧电器变身花盆器种花了，废旧玻璃瓶变成灯身，废旧书本变身小凳子，这些神秘的变身制作，给我们提供生活所需的同时，还给我们带来了独一无二、自我创意的生活趣味。但最重要的是，这些所谓的废弃物其实就是产生的生活垃圾，但经过我们动手创意与制作的过程后，再次变成有价值的物品为我们生活提供所需之用，这就是我们所说的垃圾减量，资源循环；将这些所谓的废弃物变成有用之物，这就是我们现在的绿色 DIY 时尚生活方式；这也是“无废城市”里“无废生活”的真谛！

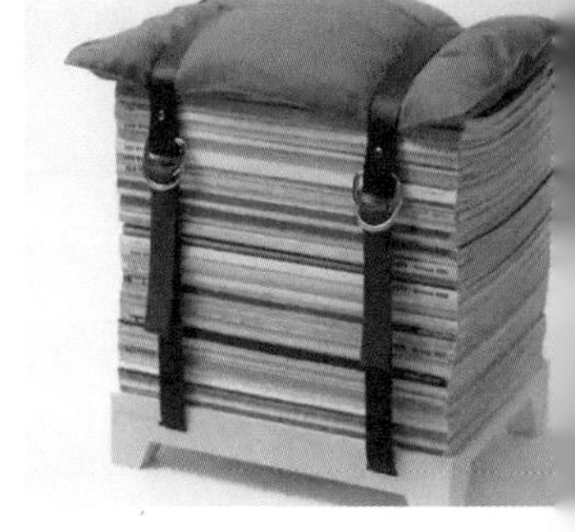

图 5-9　神秘的家庭装饰

5.1.4 如何 DIY？

很多伙伴们看完上面的内容，心里会有些小波澜，也想去尝试 DIY，也想通过自己的双手去做出心中的美好，那我们怎么才能 DIY？要想 DIY，我们需要做些什么准备呢?

首先，我们要去多看关于 DIY 的资料，了解在日常生活中，做 DIY 的材料都是些什么，在日常生活中怎么才能寻找到或收集到你自己所需的制作材料，收集原材料后的一些处理方法等。

其次，有了原材料，需要思考你要做什么物品？这个物品在你的生活中的用处是什么？同时还要有自己的设计。所以，在平时，要多看、多观察一些 DIY 的作品，开阔自己的眼界，为自己的 DIY 创作积累素材，要培养自己的观察能力。

另外，当我们看到别人的 DIY 作品时，我们都会惊讶：好神奇，很有创意呀！没错，这就是 DIY 的另外一个特点：个性创意。要想有创意，在平时就要多看，多思考，要学会欣赏一些艺术作品，建议伙伴们多去各种博物馆、创意展览会看看，为自己的创作寻找灵感源泉。还要学会欣赏及运用色彩，学习色彩搭配的一些原理等。

最后，我们要学习一些工具使用的方法。DIY 最终是要通过自己的双手制作完成的，所以我们要有动手能力，对一些工具的安全正确使用方法要了解和掌握。

综上所述，培养 DIY 能力：多观察；多学习；常思考；敢动手。

“无废小达人”成长记 

5.1.5 DIY 小小收纳柜

图 5-10　小小收纳箱

通过上面内容的阅读，很多小伙伴是不是脑海里也呈现出了一幅在你和爸爸妈妈一起 DIY 中，把你的家装扮成你心目中的“神秘小屋”的美丽画面呢？做一个“神秘小屋”工程有些复杂，那我们就先做小屋里的一个必需品：小小收纳柜（图 5-10）。根据自己的要求，可以放在桌子上，也可以放在地上。

※ 用具准备：剪刀、裁纸刀、环保漆、刷子、大号订书器、环保胶、别针等。

※ 参与人员：你、爸爸、妈妈等所有家庭成员。

※ 准备工作：

①自己画一个设计图；

②给家庭成员提出相关要求，例如需要准备的物资、人员分工等；

③给家庭成员说明制作的意义；

④拍下你开会的美丽照片；

⑤收集主要原材料，自己在规定日期内收集，寻找保证用量的废旧包装箱。

※ 制作要求：

①必须在家人的陪同和帮助下完成；

②每个环节拍下照片；

③可以按提供的图片（图 5-11）做参考，也可在这基础上再次创意与加工；

④完成变废为宝的制作后，完成下面相关项目。

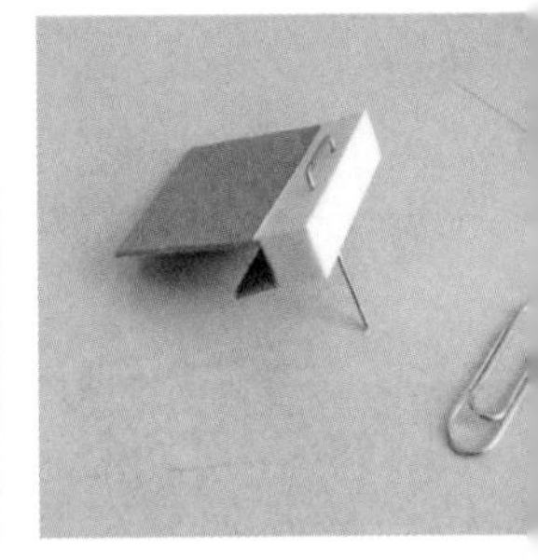

图 5-11

图 5-11　小小收纳箱制作过程

※ 完成 DIY 设计与制作项目报告，应包含以下内容：

①参与人员名单；

②制作时间；

③主要原材料（废旧包装盒）的来源；

④设计图展示；

⑤相关制作照片；

⑥是否用在生活中？里面装些什么品类的生活用品？

⑦使用变废为宝制作的收纳柜与之前购买的收纳柜使用感受有什么不同？

⑧你认为做这个收纳柜的真正含义是什么？

⑨在制作收纳柜的基础上，你还有什么其他的新创意和想法吗？

⑩通过此节的阅读与实践，现在你对“无废生活”是怎么理解的？

5.2　新城新约

知识宝藏我来挖 

5.2.1　“无废城市”的生活原则

未来，我们要实现“无废城市”的建设目标，不仅各种设施建设要符合“无废城市”的标准，而且生活在“无废城市”里的我们，也要有新的要求和准则。

通过上篇的学习我们对“无废城市”建设的标准、要求及目前的一些试点城市进行了相关的了解。随着试点城市的不断增加及“无废城市”建设工作的不断推进，我们未来将面临一种新的绿色生活环境与生活方式！你们有没有想过这是为什么？

伙伴们，你们是否感觉2021年的冬天超级寒冷呢？从地理学上看，这是赤道附近东太平洋水温反常下降的一种现象，表现为东太平洋明显变冷，同时也伴随着全球性气候混乱，我们称其为拉尼娜现象，这种现象一般会出现在厄尔尼诺现象之后。这些气候异常所带来的自然灾害有很多，2007年底至2008年初这个冬季，百年未雪的中亚地区突降10毫米大雪，刷新了巴格达100年未雪的历史；俄罗斯北部边缘地区温度连创新低，一度达到-50℃；美国中部出现20℃的剧烈降温，暴风雪不时出没……自然灾害好比一个“刺刀”，深深地扎入了人类生活的环境，影响着人类的生活，甚至威胁着人类的生命（图5-12 ~ 图5-14）。

图5-12　海平面上升

图5-13　死去的北极熊

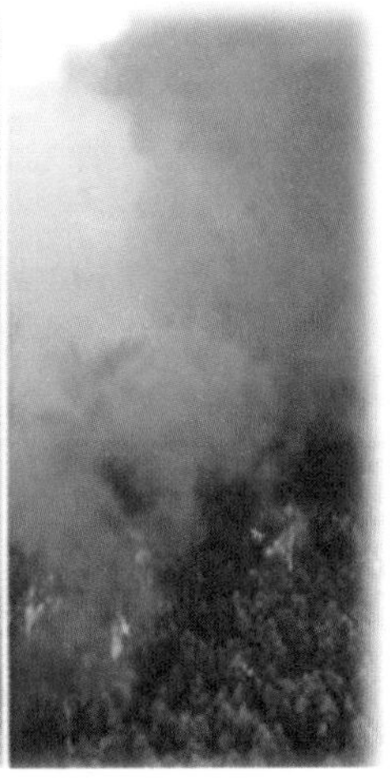

图5-14　各种自然灾害

知识链接

厄尔尼诺现象与拉尼娜现象

厄尔尼诺（ELNINO）和拉尼娜（LANINA）都是西班牙文的音译，前者原意为“圣婴”，后者原意为“圣女”。它们在气象学中都是指影响全球气候的海洋大气现象。

厄尔尼诺现象表现为太平洋中部和东部的热带海域表面水温异常持续上升。拉尼娜现象与厄尔尼诺现象正好相反，表现为太平洋中部和东部的热带海域表面水温大范围持续异常偏低的状况。这两种异常气象的出现，是大气环流和海洋环流相互作用和相互影响的结果，是大气环流和海洋环流打破平衡后走向的两个极端，很有可能会相互交替，发生厄尔尼诺现象之后又发生拉尼娜现象。但是并非每一次厄尔尼诺现象后都会出现拉尼娜现象，二者之间的出现并非交替和有规律的。

科学家分析称，厄尔尼诺现象和拉尼娜现象对于气候环境的影响，已经超过了温室气体排放和森林的毁灭所造成的影响，成为全球气候异常的首要因素。

气候异常现象可能是天文或地理原因导致的，也可能是由人类活动所引起的，尤其是大气中二氧化碳含量的变化已被当作近代气候变化的首要原因。当前，人类对大自然资源过度索取、大量化石燃料燃烧、垃圾围城等都使自然环境发生着变化，这些变化也许会给人类带来更多极端天气和自然灾害。

为了防止这些灾难的发生，我们要用自己的行动去阻止、去抵挡、去改变。“无废城市”的建设目标就是在为我们人类的可持续发展建造安全健康的城堡壁垒。但是，光有城堡壁垒够吗？不够！要想让这个安全健康的城堡壁垒永远保护着我们，就需要我们每一个人遵循“无废城市”里“无废生活”的公约及要求（图 5-15 ~ 图 5-17），只有我们每一个人做到公约要求，这座安全健康的城堡壁垒才能更有效更安全地保护我们!

图 5-15　遵守卫生公约

图 5-16　遵守交通规则

图 5-17　文明出行

5.2.2 “无废生活”公约

伙伴们生活在“无废城市”中，我们就应该遵守“无废城市”的公约，这些公约都有哪些内容呢？

5.2.2.1 “无废生活”的城市公约

公约 1：习总书记曾说过“要像保护自己的眼睛一样保护生态环境”；习总书记还曾提到“生态兴则文明兴，生态衰则文明衰”；为了人类可健康持续发展，我们首先要尊重自然界里的所有一切事物与生命，学会人与自然和谐共生，见图 5-18。

图 5-18 爱护环境公约

公约 2：尊重每一位劳动者，尤其是城市环境建设者及我们日常生活中的城市卫生工作者等，见图 5-19 和图 5-20。

图 5-19 尊重劳动者

图 5-20 热爱劳动

公约 3：维护每一位劳动者的劳动成果，不许随意破坏及践踏。

公约 4：遵守“无废城市”的要求，有责任及义务维护城市里所有硬件设施设备。

公约 5：树立无废绿色生活理念，践行无废的生活方式。

公约 6：遵守《城市生活垃圾管理条例》的要求，做到生活垃圾源头减量，做到垃圾分类。

公约 7：遵守节约节俭原则，弘扬中华民族传统美德。

公约 8：遵守城市市民文明公约，做文明有礼的城市公民，见图 5-21。

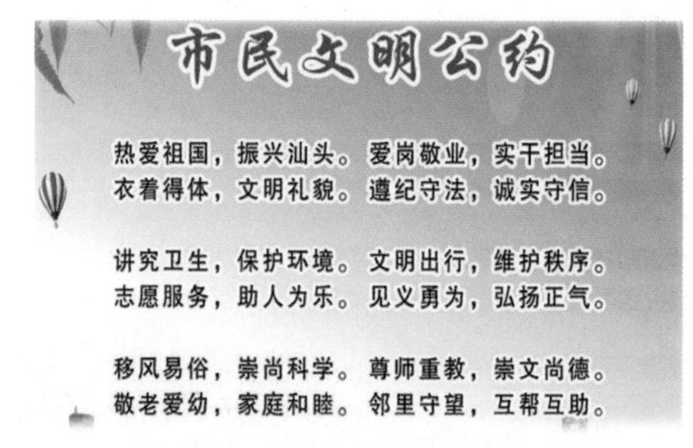

图 5-21 汕头市市民文明公约

5.2.2.2 “无废城市”的生活公约

公约 1：“垃圾分类”你我有责。按照要求将自己家庭每天产生的生活垃圾进行四分类收集（图 5-22）；按照社区垃圾分类投放要求，将不同品类生活垃圾进行分类投放；尊重垃圾分类工作人员的监督与指导；在其他公共场合要按照其要求进行规范的生活垃圾投放；理解垃圾减量的意义，在日常生活中不过度使用纸巾等，少产生垃圾。

图 5-22 做好垃圾分类，实现源头减量

公约 2：“节约粮食”我践行。珍惜每一粒粮食，日常生活中不浪费粮食，做到光盘行动；同时有责任监督自己的家人不浪费粮食；外出用餐，吃多少点多少，养成打包的好习惯；不买过度包装的食品，减少垃圾的产生；科学饮食，不过度吃零食。

公约 3：节约用水。做到人走水关；做到“一水”多用；在公共场合，不浪费水资源，节约用水；要有公共意识，看到未关闭水管及时关闭。

公约 4：节约用电。养成随手关灯好习惯，做到人走灯闭；夏季空调温度不低于 26℃，冬季不高于 20℃；购买节能电器产品。

公约 5：践行绿色出行。尽量步行、骑行或坐公共交通绿色出行；关注选择新能源汽车。见图 5-23 和图 5-24。

图 5-23　绿色出行

图 5-24　绿色能源机动车

公约 6：遵守社会文明礼仪。讲文明，懂礼貌，不践踏草坪，爱护花草；不乱丢垃圾，维护公共卫生；使用文明用语。

“无废小达人”成长记

5.2.3 制订“无废城市”的家庭公约

通过上面的一些公约学习，我们可能慢慢感受到了，未来在“无废城市”生活是需要遵守很多要求与法律法规的。我们每一个小家是“无废城市”中的重要基础组成部分，每一个家庭，每一个人都要遵循“无废城市”的相关法律法规，那我们每一个小家也有自己的习惯和家规，了解“无废城市”的相关知识后，下面就依据“无废城市”的相关知识及要求，来制订我们小家的“无废生活”家规吧，只有家家参与，人人维护，才能真正实现“无废城市”。

※ 制订家规准备工作

用一周的时间，观察自己家庭日常生活中有哪些不符合上述关于“无废城市”生活公约的现象并做分类别记录，参考表 5-1。

表 5-1　一周日常生活不符合公约现象记录

	食物浪费	用水用电	垃圾分类	绿色出行	其他
周一					
周二					
周三					
周四					
周五					
周六					
周日					

完成上面的统计表后，思考为什么会有这样的问题出现。完成上述问题的分析后，自己思考，写出家庭会议研讨内容。

①浪费食物现象的原因是什么？主要发生在谁的身上呢？

②浪费水、电现象的原因是什么？为什么会出现这样的现象？

③垃圾分类不到位的情况是什么？品类分不清？没有养成习惯？谁做的最好？谁的表现不好？原因是什么？

④你的爸爸妈妈日常如何去上班？你们周末外出会选择绿色出行方式吗？会选择的话，为什么？你的绿色出行感受是什么？

※ 组织家庭小会议

说出自己发现的现象及问题，用自己学到的“无废城市”相关知识，用自己的语言，给家人进行知识小科普，然后所有家庭成员一起讨论家里存在问题的原因，一起制订自己家庭的“无废生活”家规，并张贴到家中合适的位置！

节约食物公约：

你选择的张贴地点：

节约水电公约：

你选择的张贴地点：

垃圾减量垃圾分类公约：

各品类垃圾分类容器摆放方式：

厨余垃圾收集方式：

你选择的张贴地点：

你家独有的绿色公约：

创意是什么？

5.3 我家无废水

知识宝藏我来挖 

5.3.1 水与人类的关系

说到水，小伙伴们会想到我们喝的水，家里自来水管里的自来水，公园里灌溉用的水，超市里售卖的矿泉水，公园里划船时的湖水，自然界中冰川、河水、泉水、江水、海水等（图 5-25）。水以这么多种形式存在于我们每一天的生活中，可以说我们每一个人，每一天都离不开一样必需品：水！

图 5-25　自然界与人类生活中常见的水资源

水，是一切生命赖以生存的重要自然资源之一。近年来，伴随城市建设的高速发展，工业、农业生产活动和城市化的急剧发展，对有限的水资源产生了巨大的冲击。日趋加剧的水污染（图 5-26），对人类的生存安全构成重大威胁，成为人类健康和社会、经济可持续发展的重大障碍。

图 5-26　被污染的水资源

说到水与我们身体的关系，伙伴们了解吗？人体组织的三分之二由水构成，我们每人每天必须摄取 2 ~ 3 升的水以维持基本的生命活动。只有水分充足，血液、淋巴液才能循环顺畅，我们人体才能有效吸收食物中的营养物质，同时将对人体有害的物质排出体外。

5.3.2　地球上的水资源现状

水是地球上最丰富的资源之一，覆盖地球表面 71% 的面积。但是，地球上的水尽管数量巨大，能直接被人们生产和生活利用的却少得可怜。地球上超过 97% 的水资源是既不能供人饮用，也无法灌溉农田的海水，淡水资源仅占地球总水量的 2.53%，而在这极少的淡水资源中，有 70% 以上被冻结在南极和北极的冰盖以及难以利用的高山冰川和永冻积雪中，人类真正能够利用的淡水资源主要是河流水、淡水湖泊水以及浅层地下水。这些淡水储量只占全部淡水的约 0.3%，占全球总水量的十万分之七，即真正能有效利用的全球淡水资源每年约为 9000 立方千米。地球水资源的分布见图 5-27。

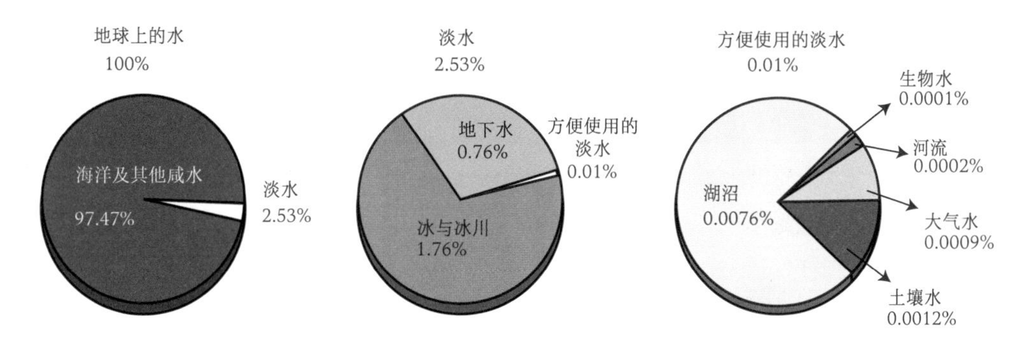

图 5-27　地球水资源分布

全球淡水资源不仅短缺而且地区分布极不平衡。按地区分布，巴西、俄罗斯、加拿大、中国、美国、印度尼西亚、印度、哥伦比亚和刚果这 9 个国家的淡水资源占了世界淡水资源的 60%。约占世界人口总数 40% 的 80 个国家和地区严重缺水。目前，全球 80 多个国家的约 15 亿人口面临淡水不足，其中 26 个国家的 3 亿人口完全生活在缺水状态。预计到 2025 年，全世界将有 30 亿人口缺水，涉及的国家和地区达 40 多个。21 世纪水资源正在变成一种宝贵的稀缺资源，水资源问题已不仅仅是资源问题，更成为关系到国家经济、社会可持续发展和长治久安的重大战略问题。

知识链接

我国水资源现状

我国是一个水资源相对贫乏、时空分布又极不均匀的国家。水资源年内年际变化大，降水及径流的年内分配集中在夏季的几个月中。连丰、连枯年份交替出现，造成一些地区干旱灾害出现频繁和水资源供需矛盾突出等问题。我国水资源总量 28000 多亿立方米，居世界第 6 位，但人均水资源占有量只有 2300 立方米，约为世界人均水平的 1/4。全国水资源的 81% 集中分布在长江及其以南地区，而淮河及其以北地区，水资源量仅占全国的 19%。

5.3.3 自来水的生产流程

众所周知，由于自然因素和人为因素，原水里含有各种各样的杂质。城市水厂净水处理的目的就是去除原水中这些会给人类健康和工业生产带来危害的悬浮物质、胶体物质、细菌及其他有害成分，使净化后的水能满足生活饮用及工业生产的需要。市自来水总公司水厂采用的常规水处理工艺一般包括混合、反应、沉淀、过滤及消毒等过程，见图 5-28。

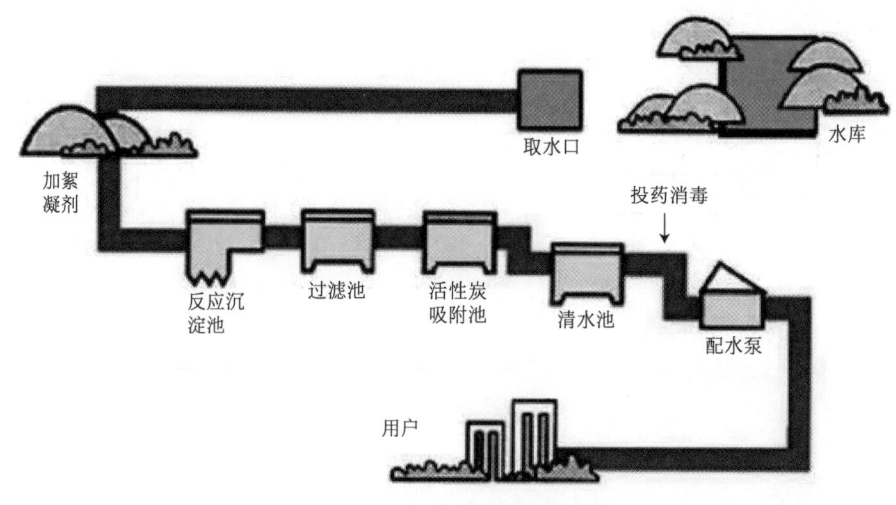

图 5-28　自来水的生产流程

通过上面的内容，伙伴们大概对每天出现在生活中的自来水的生产流程有了相关的了解，它要经过这么多道工序才能在我们的生命和生活中为我们人类服务；所以我们是不是应该去节约、科学地用水呢！

知识链接

阶梯水价

“阶梯水价”是对使用自来水实行分类计量收费和超定额累进加价制的俗称。具体来说，就是将水价分为两段或者多段，每一分段都有一个保持不变的单位水价，但是单位水价会随着耗水量分段而增加。实施“阶梯水价”，可以使企业和居民增强节水意识，避免水资源的浪费。

“阶梯水价”的基本特点是用水越多，水价越贵。缺水城市可实行高额累进加价制。例如有的城市将居民的生活用水水价设定两个水量的分界点，从而形成三种收费标准：用水 15 吨以内为人民币 0.6 元 / 吨，15 ～ 20 吨为 1.4 元 / 吨，20 吨以上为 2.1 元 / 吨。

5.3.4 再生水的利用

伙伴们，由于水源枯竭、水体污染，世界各国都面临着严重的水危机，在可直接利用的淡水资源极其有限的前提下，我们应该如何应对呢？我们接下来了解一下再生水的利用。

再生水是指废水或雨水经适当处理后，达到一定的水质指标，满足某种使用要求，可以进行有益使用的水。再生水的用途很多，可以用于农田灌溉、园林绿化（公园、校园、高速公路绿带、高尔夫球场、公墓、绿带和住宅区等）、工业（冷却水、锅炉水工艺用水）、大型建筑冲洗以及游乐与环境（改善湖泊、池塘、沼泽地，增大河水流量和鱼类养殖等），还有消防、空调和水冲厕等市政杂用，见图 5-29 和图 5-30。

图 5-29　再生水的湖泊

图 5-30　再生水灌溉绿地

知识链接

据有关资料统计，城市供水的 80% 转化为污水，经收集处理后，其中 70% 的再生水可以再次循环使用。这意味着通过污水回用，可以在现有供水量不变的情况下，使城市的可用水量至少增加 50% 以上。

世界各国无不重视再生水利用，再生水作为一种合法的替代水源，正在得到越来越广泛的利用，并成为城市水资源的重要组成部分。和海水淡化、跨流域调水相比，再生水具有明显的优势。从经济的角度看，再生水的成本最低，从环保的角度看，污水再生利用有助于改善生态环境，实现水生态的良性循环。伙伴们，我们一起来分享一个案例。

2021 年 7 月 23 日，江苏省泗洪县尾水公园，家人们在体验捕捞乐趣，丰富假期生活（图 5-31）。

伙伴们，看到这张图片，是不是觉得很美？是不是也想去体验呢？知道吗，照片里水塘里的水是污水处理厂处理后的尾水净化再利用，种植水生植物，投放龙虾、鱼等水产，打造了这个美丽的生态尾水公园（图 5-32），让我们可以畅游其中，美不胜收。神奇吗！

图 5-31　生态水塘

图 5-32　生态公园

图 5-33　人工湿地公园全貌

仙居县将水处理功能和休闲游憩等功能有机结合，把县污水处理厂厂区周边 200 多亩（1 亩 =666.67 平方米）湖滩改造成人工湿地公园，栽种 20 多种净水植物，打造了一座花园式污水处理厂。图 5-33 为 2020 年 4 月 29 日拍摄的已建设完工的污水处理厂人工湿地公园。

5.3.5　一水多用的好方法

伙伴们，通过上面的学习我们了解到，从政府到我们每一个人都在想各种办法处理我们面临的水污染问题，及将现有的水资源合理使用的问题。在“无废城市”里生活，我们每一天离不开水，那我们怎么才能保证日常生活的用水呢？有一个好办法——一水多用！

什么是一水多用呢？比如，我们接了一盆干净的水，用它来洗手，洗完手后，这盆水一般就被我们倒掉了。现在我们想一想，这一盆洗手后的水还能做什么用呢？没错，可以用来冲马桶！这样是不是就可以节省一次马桶水箱里干净的水了？同时也将洗手后的水再次发挥了其他作用！

我们可以用这样的方法来实现“我家无废水”，从卫生间做起：将洗衣服的水进行收集，进行冲刷马桶二次使用；洗手时在洗面池里放一个干净的接水盆，将洗手等用的水进行收集，然后再次使用在冲刷马桶中。我们平时在淋浴时，也可以将一些洗澡的水进行收集再次利用。走出我们的卫生间，来到客厅，有时我们杯里的水没有喝完，放了一段时间担心有灰尘落入，那这水是倒掉呢还是有别的用处呢？对了，我们可以用这些水来浇花、洗菜等。从客厅来到厨房，每天爸爸妈妈会在厨房里给我们做一日三餐，产生的洗菜水、淘米水等都可以进行再次利用！见图 5-34。

图 5-34 一水多用

在日常生活中，我们离不开用水，但我们要学会一些方法更科学地用水，这样就可以使水的作用得到充分的发挥，节约我们宝贵的水资源，让我们记住上面的这些小方法吧！

“无废小达人”成长记

5.3.6 水资源主题展馆考察探秘

※ 准备工作：地点确认；必须家人同行；照片、视频收集设备。

※ 参考地点：当地自来水厂、自来水博物馆、节水展馆……参考图5-35。

图 5-35　节水科普教育基地

※ 参与人员：所有家人。

※ 参观目的：通过观看及实践，再次对水资源及节水相关知识进行学习。

※ 观后感写作：通过参观实践，写出自己对水资源的认识；从之前对水的认识与参观后认识上的对比，寻找并思考自己生活中各种创新的节水、科学用水的好办法。

5.3.7　我是节水宣传小达人

节约用水是我们每一个人都应该做的，节约水资源，为我们人类可持续发展奠定基础；为此，我们进行了水知识的学习，了解了水对人类生命及自然环境的重要性后，深知水资源的珍贵；在日常生活里，有很多浪费水的现象，为了能让更多人了解水资源的珍贵，我们应该引导更多人在日常生活中做到一水多用，养成节约用水的好习惯！所以需要更多的节约用水宣传小达人进行宣传，为保护水资源做贡献！请你准备一份宣传演讲稿，包括以下内容：

①水资源基础知识；

②水对人类及自然的重要性；

③目前世界及我国水资源的情况；

④一水多用的好方法。

5.3.8 自家节水与科学用水的家规

※ 准备工作：用一周的时间，记录家里用水中存在的问题。例如：没有做到人走水关？洗菜、洗手时一直开着水，到洗完为止？这样做正确吗？没有做到一水多用，为什么呢？家里一天日常生活，什么环节是用水量最大的呢？……

※ 针对发现的上述问题，思考解决办法。

※ 召集家庭成员开会，将自己发现的问题及需要实施的解决问题的办法，讲给家庭成员。

※ 进行讨论，收集家庭成员分享的其他好方法。

※ 在会议上制订自己家庭的节水与科学用水的家规，并在家中适当的位置进行张贴。

5.4 垃圾分类必修课

知识宝藏我来挖 

5.4.1 什么是垃圾？

一提到垃圾，很多伙伴们第一感觉就是脏、臭……还仿佛可以看到垃圾堆上落满了苍蝇……见图 5-36。

图 5-36 遍地的垃圾

那什么是垃圾呢？

垃圾，学名“固体废弃物”，分别通过人类的生产和生活来到这个世界，本章节主要说的是生活垃圾。

不管什么东西，如果失去了使用和保存的价值，就要将其丢弃，这本是自人类诞生以来就习以为常的事。随着人们生活水平的不断提高，我们发现每天的生活垃圾产量也在不断提升，甚至人类产生的过多的生活垃圾已经危及了海洋、土壤、湖泊、河流、冰川、山脉等，造成了水源污染、空气污染、土壤污染等诸多环境问题。

5.4.2 垃圾从哪里来？

5.4.2.1 自然灾害

无论是地震、飓风，还是洪涝、泥石流等自然灾害，都会对人们的生活环境造成致命的破坏。房屋倒塌、断壁残垣，人们流离失所，所有的生活用品、财产都在一刹那化为乌有。自然灾害给我们带来巨大损失的同时，也给我们带来许多垃圾，见图 5-37。

地震造成房屋倒塌，公共设施损毁严重。

洪涝灾害过后，大量泥沙滞留于路面。

图 5-37 自然灾害后产生大量垃圾

5.4.2.2 工业生产

工业生产带给我们很多便利的产品，改善了我们的生活。但是，随着工业生产的发展，工业废弃物数量日益增加，越来越多的工业垃圾由此产生。这些工业垃圾的数量庞大，种类繁多，成分复杂，如机械切出的碎屑、废砂，食品加工过程中产生的活性炭渣，还有服装加工中剪裁下来的废料，汽车制造过程中所丢弃的固体废弃物，以及建筑业的砖、瓦、碎砾、混凝土碎块等，见图 5-38。

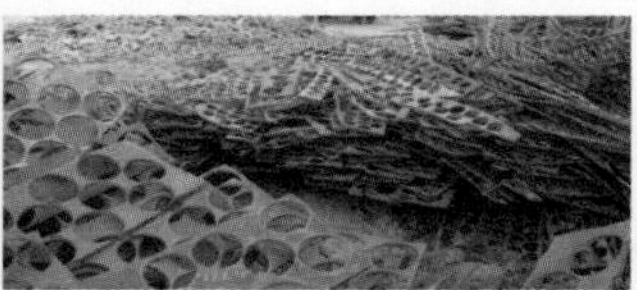

图 5-38 工业生产中产生的垃圾

5.4.2.3 日常生活

人类在维持自身正常生活所必须的活动过程中，产生出了生活需要以外的废弃物。如做饭燃料废弃物、食品废弃物、食品包装废弃物、生活品废弃物等，见图 5-39。

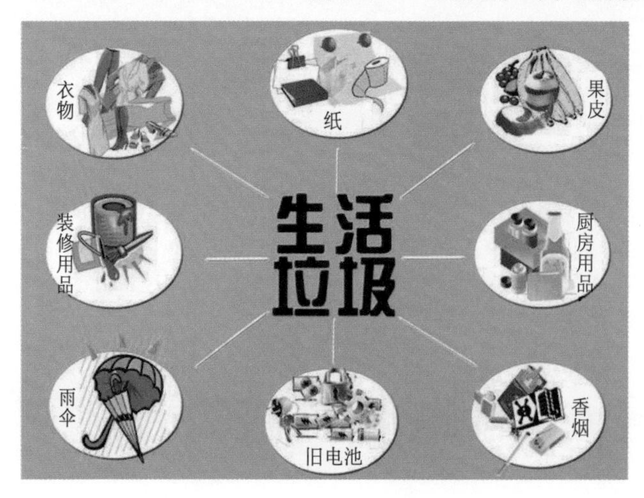

图 5-39 多样的生活垃圾

5.4.3 目前我国生活垃圾的现状

中国城市环境卫生协会统计，我国每年产生近 10 亿吨垃圾，其中生活垃圾产生量约 4 亿吨，建设垃圾 5 亿吨左右，此外，还有餐厨垃圾 1000 万吨左右，中国的垃圾总量是世界上数一数二的。随着我国城镇化进程的加快以及人民生活水平的提高，城镇生活垃圾还在以每年 5% ~ 8% 左右的速度递增。垃圾围城正在给中国的城市敲响警钟。

让我们以首都北京为例一起了解一下最近几年北京的生活垃圾到底有多少，见图 5-40。

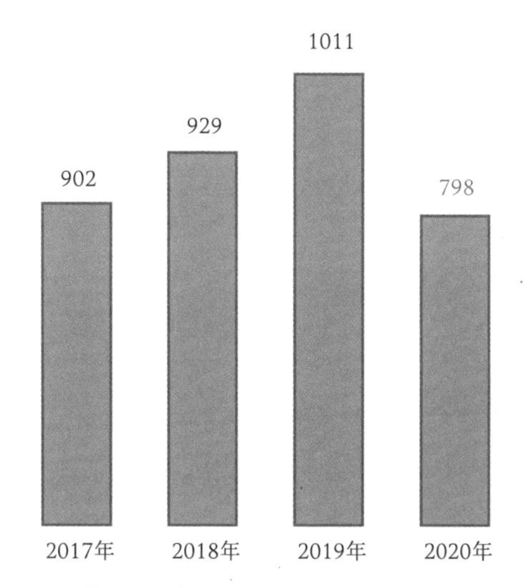

图 5-40　北京市生活垃圾年产生量（单位：万吨）

通过上面的图表，伙伴们可以清晰地看到北京市 2017—2020 年每年的生活垃圾产生量。我们发现 2017—2019 年，每年产量都在不断增长，到了 2020 年开始下降，大家知道下降的原因吗？其一，《北京市生活垃圾管理条例》颁布后，各机关单位、学校、街道、社区等进行强制分类工作；其二，我们的部分居民们和小伙伴们陆续行动起来做好源头分类；其三，很大程度是来自各小区的垃圾分类指导员们的辛勤付出。

让我们一起做一道数学题：2020 年北京生活垃圾年产生量为 798 万吨，平均到每一天北京生活垃圾日产生量是多少呢？

$$798 \div 365 \approx 2.19\text{（万吨）}$$

伙伴们通过这道数学题可以了解到北京市生活垃圾日产生量大概是 2.19 万吨！看到这个答案，大家有什么感受呢？了解了北京市生活垃圾日产生量，伙伴们还可以通过各种方式，了解一下其他城市的生活垃圾状况。

5.4.4 垃圾的危害

图 5-41 被垃圾污染的水资源

生活垃圾得不到正确及时的处理，会给我们人类带来什么样的危害呢？下面让我们一起来了解一下吧……

5.4.4.1 水污染

被人们随意丢弃的生活垃圾中的有害成分易经雨水冲入地面水体，如果超过了水体的自净能力会导致水质恶化引起水体污染。此外，在垃圾堆放或填坑过程中还会产生大量的酸性和碱性有机污染物，同时将垃圾中的重金属溶解出来。垃圾污染源产生的渗出液经土壤渗透会对地下水体产生污染。

此外，还有很多的塑料瓶、快餐饭盒、泡沫板等生活垃圾直接被人们扔到海洋、湖泊和河流之中，这些垃圾严重危害水环境（图 5-41），甚至让很多不小心食用了这些垃圾的水生生物、海洋生物丧失生命，造成生态失衡。而这些含有有毒有害物质的生物还可能通过“食物链”的形式进入人体，在人体内逐渐蓄积，从而危害人的神经系统、造血系统等，甚至引发癌症。

5.4.4.2 大气污染

垃圾是一种成分复杂的混合物。在运输和露天堆放过程中，有机物分解产生恶臭，并向大气释放出大量的氨、硫化物等污染物，其中含有机挥发气体达 100 多种，这些释放物中含有许多致癌、致畸物。塑料膜、纸屑和粉尘则随风飞扬形成“白色污染”，见图 5-42。

图 5-42 被垃圾污染的空气

5.4.4.3 土壤污染

图 5-43 垃圾造成土壤被污染

城市生活垃圾和其他固体废弃物长期露天堆放，其有害成分会在地表径流和雨水的淋溶、渗透作用下通过土壤孔隙向四周和纵深的土壤迁移，造成土壤的结构和理化性质的破坏，使土壤保肥、保水能力下降，进而对土壤中生长的植物产生污染，有时还会在植物体内积蓄，危及人类健康，见图 5-43。

5.4.4.4 影响身体健康

垃圾中存在很多致病微生物，是病菌、病毒、害虫等的滋生地和繁殖地，且垃圾堆一般都会成为老鼠、蟑螂、蚊蝇等四害的栖息地和繁殖场所，如果它们经常在居民区附近流窜，容易引发一系列的传染疾病，严重地危害人体健康，见图 5-44。

典型案例

"癌症村"

有一个村庄，村后曾有一座高出海平面多米的垃圾山，剧毒的腐烂物和脏水渗入地下，污染了人们生活饮用的水源。在当地只要是用水，任何人都逃不开垃圾毒物对身体的侵蚀。于是，这个仅有 400 人的村庄 10 年间许多村民因患癌症死亡，被媒体称为"癌症村"。

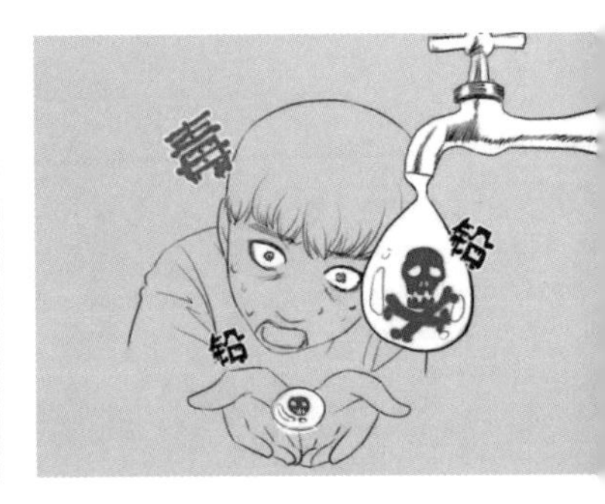

图 5-44 被垃圾污染的环境对人类造成威胁

看完上面的这些，相信很多小伙伴们都不开心了，感觉到这些潜在的危害在慢慢地靠近我们。那我们有没有办法不让这些潜在的危害靠近我们，甚至将这些潜在危害消灭掉呢？让我们一起来了解一下吧！

5.4.5 垃圾的处理

目前，我国对于生活垃圾的处理方式主要有四种：卫生填埋、焚烧发电、生物堆肥、资源返还。

5.4.5.1 卫生填埋

卫生填埋法是指对城市垃圾和废物在卫生填埋场（图 5-45）进行填埋处置。这种方法是国内外应用广泛的垃圾处理方法，处理量大、方便易行。

但是卫生填埋法存在一些弊端，一是填埋场会占用大量的土地资源；二是不发达国家和发展中国家由于经济落后，大多采用简易填埋法，其产生的垃圾渗滤液对地下水和地表水会造成严重的二次污染。

5.4.5.2 焚烧发电

焚烧法是将垃圾中的可燃成分进行燃烧，让可燃成分充分氧化，最终成为无害稳定的灰渣。焚烧法一般可使垃圾大幅度减容，大大减少了占地，并能回收热能用于生活取暖和发电，见图 5-46。

但是如果垃圾分类做得不充分、垃圾含水量较高，则会导致二噁英的溢出，而造成二次污染。

图 5-45　垃圾填埋场

图 5-46　垃圾焚烧发电

5.4.5.3 生物堆肥

堆肥是让垃圾中的有机质在微生物的作用下进行生物化学反应，最终变成肥料或土壤改良剂，见图 5-47。

图 5-47 垃圾堆肥

堆肥占地面积小，投资少，有较好的经济和环境效益。但是堆肥周期长，可用作堆肥的有机物也仅占垃圾的 60% 左右，剩下 40% 的其他物质仍然需要进行填埋处理，而且堆肥产品的销路也难以解决。这都是生物堆肥后所面临的实际难题。

5.4.5.4 资源返还

在每天所丢弃的大量垃圾中，包含着丰富的可以重新利用的资源。把可回收物（如金属、纸张、塑料制品等）单独放置，对垃圾进行资源化分类回收利用，不仅节约资源，还能避免填埋和焚烧垃圾产生的其他污染问题。

知识链接

神奇妙招——再生纸的生产流程

1. 分选归类：将各种不同纸质的纸分类选择。
2. 打成纸浆：在碎浆机中将废纸打碎碾成纸浆，搅拌过程中除去塑料带、细绳等杂物。
3. 除垢：在除垢机中将沉淀在纸浆底层的铁丝、砂等杂质除去。
4. 筛除：在筛网机中将更细小的杂质除去。
5. 浮选：用洗涤剂、化学药剂除去纸浆上层的油墨。
6. 洗涤：在洗涤机中将纸浆最后洗干净。

5.4.6 关于垃圾分类的举措

随着我们物质生活水平越来越高，产生的生活垃圾也越来越多，如何通过我们每一个人的行动，让这些垃圾得到及时正确的处理呢？那就是垃圾分类。没错，就在 2019 年，全国垃圾分类工作会议在上海召开了，会议决定自 2019 年起在全国地级及以上城市全面启动生活垃圾分类工作；到 2020 年，46 个重点城市基本建成生活垃圾分类处理系统；其他地级城市实现公共机构生活垃圾分类全覆盖，至少有 1 个街道基本建成生活垃圾分类示范片区。到 2022 年，各地级城市至少有 1 个区实现生活垃圾分类全覆盖；其他各区至少有 1 个街道基本建成生活垃圾分类示范片区。到 2025 年，全国地级及以上城市基本建成生活垃圾分类处理系统。随后，46 个地级城市相继颁发了关于生活垃圾分类的法律法规等。

资源链接

2020 年 5 月 1 日《北京市生活垃圾管理条例》已经正式实施了，北京市生活垃圾分类正式步入法治化、常态化、系统化轨道，意味着以往“随意”扔垃圾的生活将终结。条例中明确了产生生活垃圾的单位和个人是分类投放的责任主体。什么意思呢？就是我们每一个人从现在开始都要进行分类投放垃圾了，这是我们每一个人应履行的社会义务！有了条例的要求，我们就要做遵纪守法的小公民！

5.4.7 生活垃圾分类的相关标准

生活垃圾分类目前是“四分法”：统一按可回收物（蓝色容器）、厨余垃圾（绿色容器）、其他垃圾（灰色容器）、有害垃圾（红色容器）进行分类，见图 5-48。

图 5-48　垃圾四分类容器

了解了四种垃圾容器及颜色，那每种垃圾容器里到底装些什么品类的垃圾呢？通过图 5-49 ~ 图 5-52 我们来学习一下。

图 5-49　可回收物

图 5-50　厨余垃圾

图 5-51　有害垃圾

图 5-52　其他垃圾

学以致用

绘画用的颜料可投入有害垃圾桶内，是否正确？

答案：正确

快递包装中的快递盒属于哪一类垃圾？

答案：可回收物

使用过的纸巾、烟蒂又属于什么垃圾？

答案：其他垃圾

家庭日常生活中打碎的陶瓷碗碟属于可回收物，正确吗？

答案：错，属于其他垃圾

平常喝茶的茶叶渣应扔进什么垃圾桶内？

答案：厨余垃圾

熬完汤的大棒骨扔进什么垃圾桶内？

答案：其他垃圾

中药渣属于什么垃圾呢？

答案：厨余垃圾

伙伴们，垃圾分类分为分类投放、分类收集、分类运输、分类处理四个环节，下面我们了解一下四品类垃圾的收集、运输与处理流程，见图5-53～图5-56。

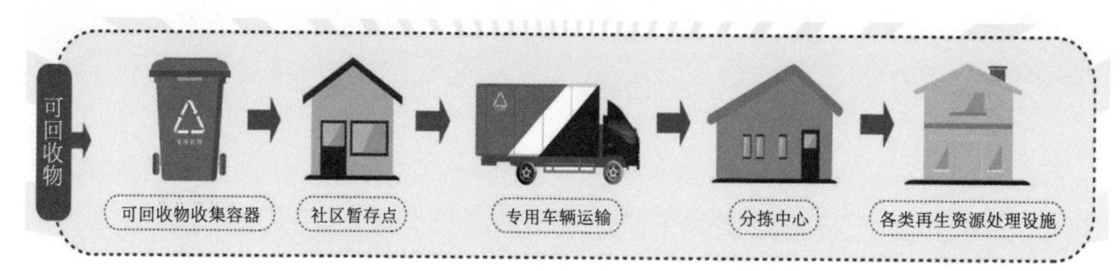

图5-53　可回收物收集、运输与处理流程

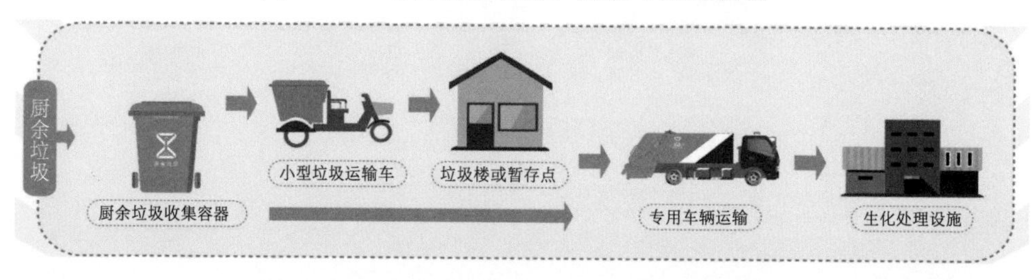

图5-54　厨余垃圾收集、运输与处理流程

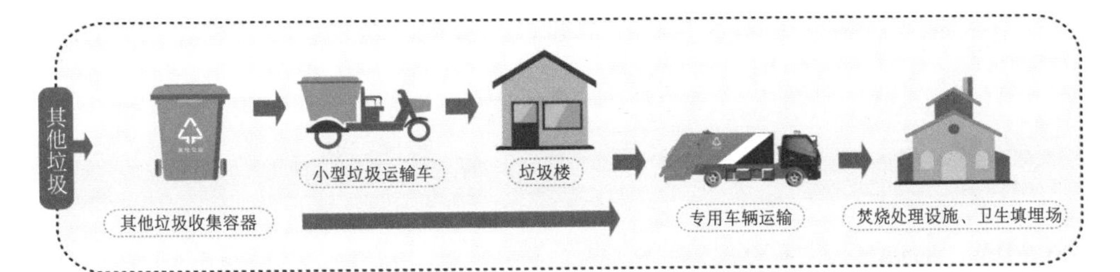

图 5-55　其他垃圾收集、运输与处理流程

图 5-56　有害垃圾收集、运输与处理流程

伙伴们，我们平时生活在各城区不同的小区内，让我们一起看看小区内垃圾分类容器是如何配备的，见图 5-57。

以上是小区垃圾分类容器与摆放形式，小伙伴们肯定会看出灰色的其他垃圾容器要多些，因为在日常的生活垃圾中，其他垃圾的占有比例要多些，为了方便我们随时进行分类投放，所以配备的其他垃圾容器要比另三种品类的垃圾容器要多一些！

当我们来到学校时，你也会看到，学校里不同地方的垃圾分类容器的摆放也有所不同，见图 5-58。

图 5-57　小区垃圾收集容器

图 5-58　校园的垃圾分类

当我们周末或假期跟家人一起出去的时候，公共场所是如何配备垃圾分类投放容器的呢？见图 5-59 和图 5-60。

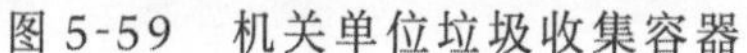

图 5-59　机关单位垃圾收集容器　　图 5-60　公园垃圾收集容器

看到以上这些，伙伴们就感受到了，现在不管走到哪里：公园、体育馆、展览馆、博物馆、学校、社区、其他办公区等，都要将垃圾分类投放了！

“无废小达人”成长记

垃圾分类习惯的养成是需要时间的，更需要我们每一个伙伴的坚持，同时还要带领你身边的爸爸、妈妈、爷爷、奶奶等家人和小伙伴们一起坚持垃圾分类，因为垃圾分类是我们每一个人应该做的事情！

通过上面的内容，我们对垃圾分类进行了相关学习，了解了垃圾分类的标准，学习了分类的方法，下面就让我们把所学到的知识转化为行动吧！

5.4.8　“垃圾分类小达人”成长记

※ 活动准备与要求：

①选择一个开始日期，例如某月某日为起始日；

②准备一个小小垃圾分类记事本；

③检查自己家里的分类容器是否符合要求；

④在家里的成员中选出监督员，作为你每天行动的监督员；

⑤准备一个称重器。

※ 步骤一　记录与计算

首先坚持七天，每天把自己家里产生的生活垃圾进行分类并称重计量，然后填写记录表格（参考表5-2）；七天记录完毕后，进行总量的登记；以这七天的计量为标准，再推算一个月、一年的家庭垃圾产生量。

表5-2　一周生活垃圾品类与计量

	可回收物	厨余垃圾	其他垃圾	有害垃圾
周一				
周二				
周三				
周四				
周五				
周六				
周日				

计算周各类垃圾的产生量

____

计算月各类垃圾的产生量

____

计算年各类垃圾的产生量

____

※ 步骤二 分析与思考

请根据你记录和计算的数据思考并回答以下问题，进行填写与记录。

产生的这些生活垃圾中有什么品类是必须产生的?

____

有哪些品类可以减少使用量的?

____

有哪些品类产生了浪费?

____

产生浪费的品类该如何进行减量?

____

完成一幅垃圾分类海报。

※ 步骤三 分享与交流

组织家庭成员召开垃圾分类家庭会议，首先把你的记录与发现及自己所绘制的垃圾分类海报讲给家人听。同时，制订垃圾减量、垃圾分类家庭计划，经所有参会人员举手表决并签字确认。

※ 步骤四 实践与反思

按照自定的垃圾分类家庭计划每天进行垃圾分类投放；并由选定的监督员每天在垃圾分类记录本上签字确认是否按要求进行，坚持 21 天的打卡记录。

21 天的垃圾分类结束后，全家共写一份垃圾分类心得。

内容要求:

①没有做垃圾分类之前，对垃圾分类的想法；

② 7 天的垃圾分类计量和类别统计后，你对发现的一些问题的看法，如过度使用及浪费现象等；

③对发现的这些问题，你是怎么解决的？怎么监督家人一起进行改正的?

④坚持 21 天的垃圾分类，你有什么感受？对垃圾分类有什么新的认识与想法?

⑤将你的心得念给家人听，做垃圾分类的宣传员，让每一位家庭成员在你的倡导下，进行垃圾分类，并进行相互监督。

5.4.9 垃圾分类小能手之可回收物箱制作

通过上面的学习，观察家里每天产生的可回收物，带领家人一起用家里现有的材料制作一个专属的可回收物箱。

※ 要求:

①手工制作所选用的材料，必须是家里产生的可回收物，进行清理及消毒后使用；

②要求制作过程必须在家人的带领下一起完成；

③制作后的成品，必须用在日常生活中；

④整个创作与制作过程，要按照表 5-3 的要求进行填写。

表 5-3　可回收物箱创意设计

创意制作名称 ____________________
选择什么材质?
设计理念是什么?
用途描述
制作方法描述
设计图
成品照片展示

5.5 绿色轻生活

知识宝藏我来挖

5.5.1 绿色轻生活的意义

伙伴们，我们生活在一个时尚、科技、健康、绿色的现代生活环境中（图5-61～图5-64），那我们该怎么做个真正的时尚人呢？

图 5-61 时尚都市

图 5-62 科技体验

图 5-63 美丽海岛

图 5-64 自然清新

在这样美丽的环境中，我们该怎么生活呢？怎么才能让这样的美丽永远伴随着我们呢？伙伴们，你们听到过低碳生活、绿色生活、轻生活、极简生活等词语吗？相信很多伙伴听到过，到底是什么意思呢？其实这几个词语在现实生活中的意义是有相同之处的，就是用一种文明绿色的生活方式，在享受着时尚健康生活的同时履行保护现有的生活环境的义务，共同创造更健康、更安全、更时尚的“无废生活”！这才是当下的时尚人！

谈到轻生活，它是一种减法的生活概念。现代人的生活无论是心理上还是外在，都充斥着过多的负担与累赘，轻生活讲究的是一种丢掉的观念，也就是把一切简化到最简单的境界。轻生活分为四个方向：轻心、轻体、轻食、轻居。这四个方向都要经历一些内心的挣扎，甚至必须要很沉重地去改变自己在思考或生活上积累多年的习惯，才能真正践行轻生活。所谓的轻生活，从体感来说，是变轻的；从心情来说，是变轻松的；从饮食来说，是变简单和健康的，因此，轻生活是未来的一种生活理念！

伙伴们，那么什么又是绿色轻生活呢？其实它与我们现在经常听到的低碳生活、绿色生活的基本理念是完全一致的！绿色轻生活不意味着我们要选择其他生活方式，也不会给我们现有的生活质量带来太大影响，而只需要每天一点点改变，这种改变是我们每个人生活态度的改变，做到从自己做起，提倡并去践行文明、健康、绿色、环保的生活方式，从点滴做起。伙伴们，我们共同生活在地球环境里，每个人都有保护地球环境的责任，而不应该只关心个人人生价值的实现，这就是绿色轻生活的真谛所在。

伙伴们，通过上面的学习我们可以将绿色轻生活的理念进行一些归纳：绿色轻生活是一种生活态度；是一种减法的生活形式；是一种坚持的状态。绿色轻生活反映了对待自然是尊重、爱护的态度；体现了节约节俭意识。如何做到绿色轻生活呢？在日常生活中，我们能做的有很多，如少浪费食物与物品、少产生垃圾、变废为宝……

图 5-65 变废为宝

伙伴们看看图 5-65 中这两个手工作品，主要原材料是什么呢？估计很多小伙伴会惊讶地喊出了：螃蟹壳！没错，这就是我们吃完螃蟹扔掉的蟹壳，经过我们的思考与动手，它就有了第二次生命，呈现在我们面前的就是点缀我们生活的精美手工制品，绿色轻生活会不断地为我们的生活增添色彩与快乐。

5.5.2 什么是“断舍离”？

伙伴们，我们生活在现代生活环境中，有很多时尚的生活方式，你听说过“断舍离”这个词吗？这个词是什么意思呢？

所谓“断舍离”，就是要学会给自己的生活做减法，减轻生活的压力和思想负担。人生本该轻松快乐，不要给自己增加太多的束缚，让繁杂的事物变得简单，灵魂得以释放。

断 = 不买、不收取不需要的东西；

舍 = 处理掉堆放在家里没用的东西；

离 = 舍弃对物质的迷恋，让自己处于宽敞舒适、自由自在的空间。

“断舍离”这个词里的三个字，都有一个共同点：减少。

其实对小伙伴们来说，“断舍离”就是做到不过度消费，不浪费，日常生活中衣食住行所需品够用即可；珍惜时间，珍惜资源，轻松愉快地生活与学习。你们觉得真正做到“断舍离”容易吗？

5.5.3 她是怎么“断舍离”的？

2016 年 9 月，中国“零垃圾”女孩汤蓓佳偶然在网上看到了一篇题为《这个纽约女孩火遍全球，两年内仅仅制造了一小罐垃圾》的文章，文章介绍了一个名为 Lauren Singer 的年轻纽约姑娘，通过零垃圾的生活方式，两年只产生了一小罐垃圾，文中还介绍了她的理念和方法。一开始，汤蓓佳并没有对这篇文章多加在意，只是单纯地认为这个年轻姑娘的想法和做法都很棒。第二天，她抱着好奇的心理试着记录了一下自己产生的垃圾，发现和美国的零垃圾女孩有着很大的差距。汤蓓佳经过思考，认为这种差距主要是由于生活习惯不同造成的。于是，她想试一试通过努力来减少自己产生的垃圾量。

出门带杯子、带棉布袋，不叫外卖，拿着瓶子去市场打酱油，减少不必要的购买行为……汤蓓佳先从这些小事做起。慢慢地她发现，通过这些小小的改变，家里的垃圾真的在变少，同时生活也变得好玩起来。于是她创建了公众号“GoZeroWaste”，将自己的经历和感受记录了下来。随着公众号影响力的扩大和大众对环保的重视，汤蓓佳的“零垃圾”理念被越来越多人关注和支持。作为《食话》的第108位讲者，汤蓓佳在演讲《一周只有八件垃圾，我是怎么做到的》当中这样说道：“咖啡杯不用钱，筷子不用钱，纸巾不用钱，快递盒不用钱，就算外卖也就才几块钱服务费而已。但是，不用钱真的就等于没有代价吗？或者说，是谁在帮我们承担这些代价呢？便捷的代价最终需要我们每一个人来承担。鱼吃塑料，我们吃鱼，所以塑料通过食物链进入我们身体里。那些被送往填埋场或焚烧场的垃圾，释放出的温室气体，最后也被我们吸进身体里。所以，这些看似不用钱的便捷，背后的代价最终还是由我们自己在承担。从这里开始，我看到了便捷背后的代价，这便是我环保意识觉醒的第一步。”

通过上面的内容，相信伙伴们已经对绿色轻生活的生活方式进行了了解，这也是未来“无废城市”里的生活方式；我们可以用自己的理解方式及方法，尝试着进行一种简约的绿色轻生活。

“无废小达人”成长记

5.5.4 家庭生活“断舍离”

随着“无废城市”时代的脚步越来越近，我们自己也要对目前的生活方式进行审视与思考，也要按照“无废城市”的要求规划未来我们的无废新生活。生活方式的调整与改变是我们所有人都要面临的，那我们就带着家人先行动起来吧。

※ 准备工作：给自己一周时间；先观察自家目前的生活方式存在一些什么问题，可以设计成表5-4的形式。

表 5-4　家庭生活方式

	垃圾分类	节约节俭	陈旧物资	过度消费	其他
周一					
周二					
周三					
周四					
周五					
周六					
周日					

垃圾分类：是否按四分法进行分类？容易出现的错误是什么？

节约节俭：是否科学有度地用水、用电？是否有浪费粮食的现象？浪费的原因是什么？

陈旧物资：是否有半年以上从未触碰过、使用过的生活用品，例如：衣服类、鞋类、读物类、过期日用品等。分析闲置及过期的原因，进行相关价值估算。

过度消费：查找过度消费物的品类，食品、零食、奶制品、粮食、蔬菜、生活用品……思考造成过度消费的原因是什么，进行相关物资价值估算。

其他：……

※ 经过分析以上原因，制订一个适合自己家庭的“断舍离”清除计划。

①根据上面资料的收集，把半年以上没有动过的生活用品以及闲置衣物、鞋子等进行收集；

②将家里的一些家具物资，进行合理摆放及调整，扩大家人活动的空间；

③进行全面的卫生清理工作；

④对家里目前存放的生活物资进行生产保质期的检查，过期的进行收集；

⑤对家里厨房的调料摆放区进行整理；

⑥对家里卫生间的卫生用品进行清理；

⑦制订家庭一周的生活物资采买计划单。

以上所有项目完成以后，坚持做一个月。一个月后，将之前的家庭生活方式与现行的生活方式进行对比，写写自己的真实感受！

「无废城市」的神秘学校

6.1 “无废学校”的神秘之一：循环之谜

知识宝藏我来挖

“无废学校”是什么样子？是不是学校里没有一点儿垃圾？学校对于小伙伴们来说是再熟悉不过的地方了，每天我们在学校的教室、楼道、操场、食堂、办公室都能看到垃圾桶，那我们投放的垃圾到哪里去了呢？哦，原来是每天辛勤劳动的保洁叔叔、阿姨们及时清理垃圾桶和清运垃圾，我们的校园才能保持干净整洁。在学校里，不可能没有垃圾的产生，除了通过垃圾车的清运，还有很多是可以通过其他方式进行处理的，那是怎么回事呢？首先我们先一起学习相关的循环知识吧！

6.1.1 你听说过 3R 吗？

说到资源循环，离不开一个词——3R，其内涵丰富，代表固体废弃物处理中著名的 3R 原则。通过 3R 原则操作的废弃物处理在末端甚至可能接近零废弃（zero waste），即我们所说的“无废”。所以，我们说 3R 原则是实现“无废”的重要途径。

典型案例

神秘的大方箱

在一所校园的一角有这样一个方方方正正的大箱子（见图 6-1），好像一个迷你的小屋子，引人注目的还有它身上的彩绘。一只可爱的小鹿，静静地卧在枝繁叶茂、开满鲜花的大树下，缤纷的花朵落在小鹿的头上。小鹿低垂着长长的睫毛，不为所动，身体放松而舒展，与大地紧紧相拥。远处飞来了蝴蝶和小鸟，一个仰头寻找最美的绽放，一个早已停在小鹿的身上，好奇地望向前方那个大大的绿色圆圈，心想这里太神奇了，没有一点儿垃圾……

真相揭秘：那个大大的圆圈由三个绿色箭头首尾相连，简洁却不简单呢！它代表固体废弃物处理的3R原则，其实它是一个漂亮的可回收物收集箱。哈哈！你没有想到吧？

图6-1　神秘的大方箱

3R代表三个英文单词，分别是Reducing，Reusing，Recycling。它们分别是什么意思呢？

Reducing：减量化，是指通过适当的方法和手段尽可能减少废弃物的产生和污染物排放的过程，它是防止和减少污染最基础的途径。

Reusing：再利用，是指尽可能多次以及尽可能多种方式地使用物品，以防止物品过早地成为垃圾。

Recycling：再循环，是把废弃物品返回工厂，作为原材料融入新产品生产之中。

那么3R与我们学校生活有什么关系呢？伙伴们，想一想，在学校中每天最容易产生的垃圾是什么？有的伙伴说，纸张；有的伙伴说，书本；有的伙伴说，饮料瓶；还有的伙伴会说，是落叶、剩菜剩饭等。这里提到的很多垃圾都可以通过3R循环体系，将它们变废为宝！首先就涉及可回收物的神秘循环体系。

6.1.2　可回收物及其分类

说到可回收物，很多伙伴会想到垃圾分类，没错！可回收物指适宜回收利用和资源化利用的生活废弃物。主要包括废纸张、废塑料、废玻璃、废金属、废旧纺织物、废弃电器和电子产品等类别，见图6-2。

图 6-2　可回收物

废纸张主要包括：报纸、杂志、图书、各种包装纸、办公用纸、纸盒等，但伙伴们需要注意的是纸巾和卫生用纸等由于水溶性太强而不可回收。

废塑料主要包括：矿泉水瓶、饮料瓶、食用油桶、塑料生活用品、塑料玩具、泡沫塑料等，清洗干净的洗发液瓶、洗手液瓶、洗衣液瓶、洗洁精瓶等也是可回收的。

废玻璃主要包括：玻璃饮料瓶、玻璃酒瓶、玻璃杯、玻璃调味瓶、玻璃窗、玻璃板、玻璃镜片、镜子等，根据回收工艺，玻璃分为无色玻璃、绿色玻璃、棕色玻璃等。

废金属主要包括：易拉罐、金属罐头盒、金属生活用品、金属装饰物、铝箔、铁片、铁钉、铁管、铁丝、铜导线等，按照回收材料分铁类、非铁类（一般指有色金属）。

废旧纺织物主要包括：衣服、裤子、袜子、毛巾、书包、布鞋、床单、被褥、毛绒玩具等。

废弃电器电子产品主要包括：电视机、洗衣机、电脑、手机、空调、电烤箱、微波炉等常见的家用电器。

学习了上述的内容，今后不管在学校还是在家里，如果有可回收物的产生，我们一定按照垃圾分类原则，将其进行专门的回收或投入到蓝色的可回收物收集容器中。

6.1.3 可回收物的循环之谜

回到我们的学校，来看一看“无废学校”的循环之谜到底是什么。伙伴们在学校中进行日常学习生活，会产生一些相关的固体废弃物，其中很多是可回收物，这些可回收物是怎么进行循环利用的呢?

6.1.3.1 废纸张的循环之谜

再生纸是以废纸做原料，将其打碎、去色制浆，经过多种工序加工生产出来的纸张，其原料的 80% 来源于回收的废纸，因而被誉为低能耗、轻污染的环保型用纸。由于再生纸是以废纸为原料生产且不添加任何增白剂、荧光剂等化学制剂，所以其颜色为微黄的本色！一吨废纸可生产品质良好的再生纸 850 千克。制作一吨再生纸可以节省木材 3 立方米 (相当于保护 24 棵大树或者增加 0.24 亩森林)，同时节水 100 立方米，节省化工原料 300 千克，节煤 1.2 吨，节电 600 度，制造过程中可以使废水排放量减少 50%。

知识链接

环保纸不等于再生纸，木浆及草浆为原料生产的纸张也叫环保纸，环保纸和再生纸的区别就是原料的不同。

6.1.3.2 废塑料的循环之谜

学校中有些伙伴会带矿泉水或塑料瓶装饮料，喝完的饮料瓶可以循环再利用，流程是回收后先被粉碎，然后经熔融、造粒成为米粒大小具有同样规格的再生颗粒或切片，进而制作成新的塑料产品。还有一部分会被拉丝织布，做成衣服、布袋等。

例如，百事公司 2020 年发起“与蓝同行”回收塑料瓶项目，在伙伴们都喜欢的上海迪士尼度假区投放了两台塑料瓶智能回收机。在迪士尼的梦幻氛围中，为伙伴们创造沉浸式的回收环保体验的同时，邀请大家加入“无塑成废”的可持续行动中来，而每一次投递都能助力塑料瓶完成“新生”之旅，见图 6-3。

图 6-3 百事公司“与蓝同行”回收塑料瓶项目

典型案例

泰国僧侣的法袍剪裁设计都很朴素，可朴素却不简单（见图 6-4），他们身上那块布到底是怎么穿上去的啊？绑得不结实会不会掉下来？布是什么材料做的？袍子的颜色为什么总是橙色呢？为什么有时候又是褐色的呢？光是他们衣服的面料，得知真相后一定会让伙伴们惊掉下巴。

曼谷Wat Chak Daeng寺庙的僧人脑洞大开，通过回收88000个塑料瓶将其做成新衣服。这个寺庙的僧人花费两年时间粉碎了 40 吨塑料瓶，既帮助湄南河减轻了污染又能给自己衣柜添新衣，此举给泰国其他寺庙树立了勤俭节约、环境友好的好榜样，影响满分！

这些被机器打碎的塑料瓶将被做成聚酯纤维，正是僧人们衣服的面料。寺庙住持表示，捐赠1千克的塑料瓶就可以做成一件完整的僧袍，无论是金钱还是做功德都有很高的价值。

目前市面上的僧袍价格在 2000 ～ 5000 泰铢 / 件。僧人们会售卖部分衣服产生收益，以维持该项目的资金和支付垃圾分类志愿者的工资，他们其中很多人都是当地的家庭主妇、退休人员和残疾人。

除了把垃圾做成袍子，他们还做了包包、衣服、地毯等小产品。

图 6-4　泰国僧侣的法袍

6.1.3.3　废玻璃的循环之谜

废玻璃的再利用有很多种方式，其中我们最容易理解的就是回炉高温重融后，再塑形制作成各种崭新的玻璃制品。此外，废玻璃还可以作为铸造用溶剂用于冶金工业；转型再利用，制作成为建筑材料；原料回用，添加到玻璃制品中；当然，完整的玻璃瓶瓶罐罐则可以直接重复使用，见图 6-5。

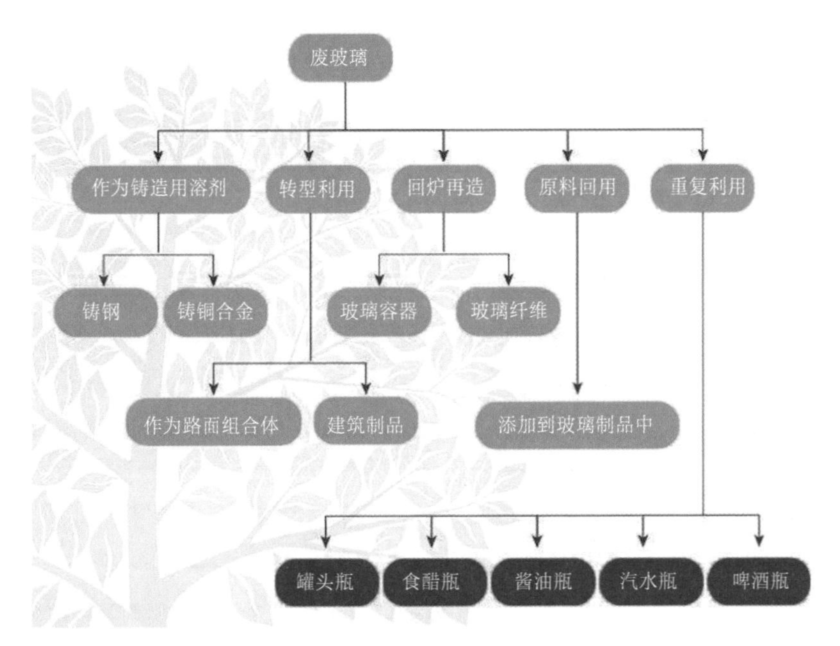

图 6-5 废玻璃再利用

6.1.3.4 废金属的循环之谜

回收的废金属主要通过回炉冶炼转变为再生金属，部分用来生产机器设备或部件、工具和民用器具。

典型案例

将垃圾分类做到极致是什么样子呢？没错，就是奥运奖牌也能够从废旧的电子垃圾中提炼出来。据东京奥组委介绍，日本从 2017 年 4 月 1 日开启了对废旧手机家电的收集活动，活动耗时两年，在全国收集了约 78985 吨小家电和 621 万部旧手机，从中提炼得纯金约 32 千克、纯银约 3500 千克以及铜约 2200 千克，所有的奖牌均来自这些回收提炼的金属！见图 6-6。

图 6-6 神奇的东京奥运会奖牌

6.1.3.5 废旧衣物的循环之谜

废旧衣物进行科学分拣后，部分用于捐赠再用，其他可以成为再生工业的生产原料，如粉碎加工后，进行二次利用，制成工业毛毡、防水油毡等。还可以用于农业生产保温物资，以及制作环保的布艺、劳保用品等，见图6-7。

2018年LEXUS雷克萨斯全球设计大奖赛作品：

再生纤维养护盆栽

织物与绿植合二为一，实现废旧衣物的循环再利用。

图6-7　“CO-”和谐共生

伙伴们，在无废学校我们了解到了这么多的循环之谜，可回收物的循环利用需要科技支撑和专业操作，其中关键一步是与我们息息相关的，养成收集可回收物的好习惯，不仅在学校做，回家也要做；不仅自己做，也要带领家人一起做；通过我们的规范收集，标准投放，分类运输，实现固体废弃物无害化处理，这才是我们一起探秘的真谛！除了我们上面说到的可回收物可以通过相关循环系统实现第二次生命，还有很多生活废弃物（例如厨余垃圾中的剩菜剩饭、植物落叶、茶叶渣等）都可以经过各种循环系统实现再次使用的价值，我们在后面的章节中还会进行学习。除了各种循环系统的处理方式，在学校时，我们还可以做些什么实现减少垃圾的产生呢？

6.1.4 学校中的减排

多使用钢笔可减少资源的浪费和环境的污染，见图6-8。

图6-8　一次性笔芯的消耗与污染

尽量避免使用一次性物品，如免洗餐具、纸杯、纸巾等，或减少不必要物品的使用量，不但可减少开支，更可降低环境污染和资源浪费。

- 提高再生纸的使用比例，实施双面打印和废纸打印。
- 实施“光盘”行动，减少源头的厨余垃圾产生量。
- 倡导师生自带水杯，不提倡提供瓶装饮用水。
- 选用创新的“无废”设计产品。

知识链接

再生纸是一种以废纸为原料，经过分选、净化、打浆、抄造等十几道工序生产出来的纸张，它并不影响办公、学习的正常使用，并且有利于保护视力健康。在全世界日益提倡环保思想的今天，使用再生纸是一个深得人心的举措，见图 6-9。

图 6-9　再生纸本

无废学校的神秘有很多，这些神秘的探究及学习，是让我们树立无废生活的理念，端正无废生活的态度，学会无废生活的方法，坚持无废生活的行动，这才是我们“无废学校”的教育真谛！伙伴们，我们一起期待更精彩的神秘吧！

认识了“无废”学校的神奇魔法，小伙伴们是不是也想让自己的学校垃圾越来越少，绿树鲜花环抱，蝴蝶小鸟常伴呢？那我们就来一起努力，探索一条人人参与，身体力行的“无废学校”行动路线。从源头减量（Reduce）开始，通过重复使用（Reuse），循环利用（Recycle），一步一步，稳扎稳打，步步为营，携手践行 3R 原则，共创永续“无废学校”。

“无废小达人”成长记

6.1.5　从校园垃圾日记到校园“无废”行动路线图

※ 材料准备：大小垃圾收纳袋 4 个、塑胶手套、记录单、相机。

※ 组建团队：核心成员 3 ~ 5 人，关心垃圾与环境问题的小伙伴。

※ 行动步骤：

①进校门后，开始随时将自己产生的垃圾分别装进准备好的收纳袋中（厕纸除外）。

②放学后，清点记录并拍照自己一天校园生活制造的垃圾，完成图文结合的校园生活垃圾日记（表 6-1）。

表 6-1　校园生活个人垃圾日记记录单

记录时间　　　　　　　　记录地点　　　　　　　　记录人

垃圾名称	照片	重量	来源	去向

讨论：我们怎样可以减少这些垃圾?

可以源头减量的有:

可以重复利用的有:

可以进行收集循环再利用的有:

③和伙伴讨论：我们怎样可以减少这些垃圾的产生。

④针对自己的垃圾日记制订《我的校园“无废”行动路线图》。

⑤将垃圾日记与校园“无废”行动路线图整合制作宣传海报或展板，在校门口或师生必经之处进行展示及宣讲。

※ 后续拓展：

面向全校师生征集校园生活“无废”妙招，颁发“无废”生活用品作为奖品，例如：可以堆肥的纸巾，并组织“无废”妙招分享会，见图6-10。如此替代，食堂中的其他垃圾桶中一次性废弃纸巾就可以大大减少了，因为这些可以堆肥的纸巾直接随厨余垃圾一起去经过生化处理变成有机肥料，滋养大地了。我们真是太棒了，学校中每一处小改变都让我们的生活离“无废”更近一步啦！

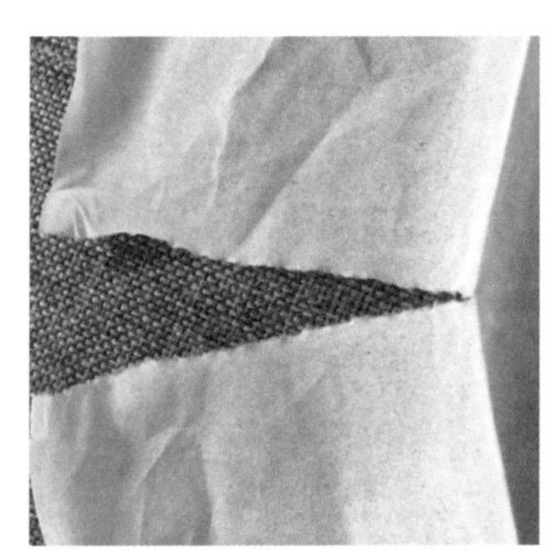

图6-10 可堆肥的纸巾与普通纸巾

6.1.6 我是帕客

“帕客”英文名为“Handkerchiefer”，源于“手帕”但不限于手帕，它是为减缓全球气候变化而倡导“环保从小事做起”的绿色符号和低碳象征，倡导践行“少用纸巾，重拾手帕，低碳生活”理念，见图6-11。

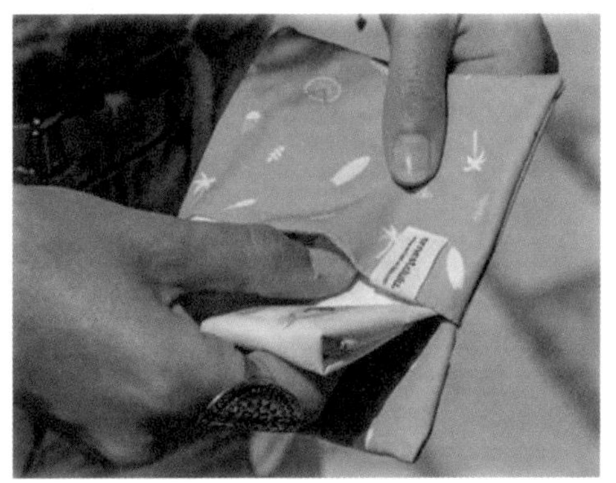

图6-11 帕客的必备——手帕

知识链接

纸巾带来的环境问题

第一，纸巾的制作需要树木。生产1吨纸需要砍伐17棵十年生大树，可见，纸对于树木的消耗是相当之大的。而且，为了生产纸张需要种植经济林，这些地方本是自然界中生物的栖息地，经济林往往物种单一，会破坏当地的生物多样性。

据相关资料显示，中国自1998年起就成为仅次于美国的全球第二大生活用纸消费市场。现在中国一年消耗的生活纸制品约为440万吨。在我们追求生活品质的同时，不知不觉成了“森林杀手”。

第二，生产纸巾的过程会产生环境污染。生产纸浆过程中的废水排放是水环境的主要污染源，占到城市污染的30%以上。

第三，一些生产厂家为了吸引消费者的注意，可能会在生产过程中使用荧光增白剂、滑石粉等添加剂，也会带来不少健康问题。

伙伴们可能会说，用手帕代替纸巾也少不了多少，但是，每人用手帕代替的纸巾数，乘以我们的人口基数，再乘以年份，这样的数值可不是小数字了。我们计算一下，假若13亿人重拾手帕每天少用一张纸巾，一年下来就可节约4745亿张纸巾，其长度可绕地球和月亮超过150个来回！

※ 活动要求：

①设计一张宣传海报。

②撰写一份倡议书。

在食堂向全校师生介绍宣传“我是帕客”的环保理念和环保行动，唤起更多人关注可持续发展的绿色生活方式，积极推动更多人参与践行，共同建设“无废学校”，畅享“无废”生活。

什么是“帕客”？

我为什么要做一名“帕客”？

怎样成为一名“帕客”？

6.1.7 校园废弃文具回收小站

学校生活中有一类废弃物，我们每个人都会产生却很少把它好好处理，那就是废弃文具，例如伙伴们用坏的各种笔、尺子、文件夹、笔袋等；老师们用完的红笔或笔芯，这些废品怎样处理更好呢？有什么好办法让这类废弃物减少呢？

和你的小伙伴一起研究这些废弃文具的材料分类，你会发现其中有很多可回收物，随意丢弃到其他垃圾桶中可是资源的浪费啊！以自己所在班级为调查对象，完成一份废弃文具调查报告（含统计表6-2），提交学校，建议学校设置一个废弃文具回收小站，招募志愿者定期为师生服务，让废弃文具中的可回收物积少成多，成为宝贵的循环再利用资源。

废弃文具调查报告

调查时间：

调查地点：

表6-2 废弃文具统计表

塑料类	笔	尺子	文具夹	其他
数量				
金属类	笔	尺子	订书钉、夹	其他
数量				
织物类	笔袋	布袋子	布包	其他
数量				

调查总结：

建议措施：

调查人：

6.2 “无废学校”的神秘之二：植物落叶变身记

知识宝藏我来挖

亲爱的伙伴们，现在你是不是对“无废学校”有所了解了呢？我们可爱的校园绿树鲜花多了，蝴蝶小鸟多了，可是一些不尽人意的麻烦也多了！比如秋风一吹，大树小树的落叶们高兴了，一个个迎风起舞，但值日生们可就惨了，扫不尽，理还乱啊！见图 6-12。对于这些恼人的树叶我们有什么好办法让它们来一个华丽变身呢？变废为宝，变变变！

图 6-12　秋季缤纷的落叶

伙伴们一定很喜欢秋天满地落叶的情景吧，我们可以用落叶做游戏，拔老根儿、捧起一把落叶抛到空中看落叶漫天飞舞，我们还可以用落叶做叶画、做各种小手工艺品，落叶给我们带来了很多有趣的美好回忆，见图 6-13 ~ 图 6-15。

图 6-13　落叶玩起来

图 6-14　用银杏叶做成的小花束

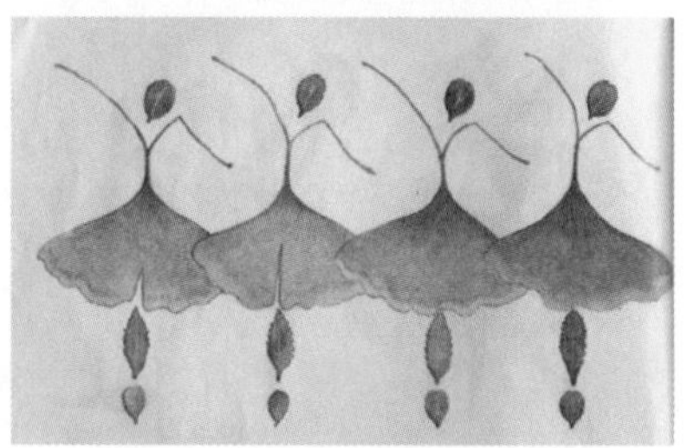

图 6-15　美丽的叶画

那你们有没有思考过，植物为什么会落叶呢?

6.2.1 植物为什么会落叶?

树叶富含养分，含有两倍于畜粪的矿物质，树木就像一个巨大的养分抽取机，用它那强大的根系，从地下抽取矿物质、氮、磷、钾，通过树干，把养分供给树叶，树叶通过光合作用，又制造养分，所以，树的养分大部分都在树叶中。

入秋以后，温度降低，光照减弱，树木也感受到了这些变化，此时树叶中就会产生一种激素——脱落酸。当叶片中的脱落酸输送到叶柄的基部时，在叶柄基部会形成一层非常小而细胞壁又很薄的薄壁细胞（科学家称这种薄壁细胞为“离层”），离层的形成会使水分不能再正常输送到叶子里。在脱落酸的作用下，离层周围会形成一个自然的断裂面。叶子由于得不到水分的正常补充，就会逐渐干枯脱落。

落叶后的树木减少了水分和养分的损耗，并把营养物质转运到根、茎和芽里存储起来，然后，树木就可以进入休眠状态，以度过寒冷的冬天了。原来落叶是树木的一种自我保护啊！其实远不止如此，落到地面的树叶也并没有结束它的使命，它在土壤中还继续做着它的贡献……

6.2.2 落叶在土壤里的变身记

“落红不是无情物，化作春泥更护花”，同学们一定听过这首诗句吧，它讲述的就是落叶在土壤里变身腐化继续为植物做贡献的过程。

北京的香山公园大家一定听说过吧，对了，就是那个以香山红叶闻名的公园。我们来看看它的枯枝落叶是如何变身的。

典型案例

香山公园的枯枝落叶变身记

香山公园“处理”枯枝落叶的最有效的招数就是——原地自然降解。也就是，在山地林间，任凭落叶存在于树丛之下，不做清扫，等待它们以最原始最自然的方式“化作春泥”，成为土壤的一部分。于是我们看到，树林下方的土地上，都是经年积攒的落叶和松针，大部分已腐熟融入泥土中，真正实现了“落叶归根”。而且落叶覆盖着土地，也起到了保湿作用。在这里，半腐的落叶不再是所谓垃圾，而是自然，是美，是生机。

除了山上就地自然降解的落叶，公园山脚下平地部分的景观草坪也和城区公园一样，不允许像山上那样存留落叶。因此，在2009年香山公园建立了北京第一家公园内的堆肥场，通过“堆放、适当加湿、定期翻搅”这些简单的步骤，每年能将枯枝落叶转化成数百立方米的有机肥，并施用于公园绿化中，彻底实现了园林废弃物再生循环。

图 6-16　腐叶土

树叶掉落在地面上之后，就会有很多昆虫和各种微生物给叶片分解。就比如我们能看得到的一些小蜘蛛、小蚂蚁和蜗牛等，它们都会分解树叶，而一些我们看不到的微生物、细菌、真菌等也会分解树叶，等叶子完全被分解就会变成富含腐殖质的腐叶土（图 6-16）。由于腐殖质疏松多孔，其黏着力和黏结力比黏土小，比砂土大，因而既可以提高黏性土壤的疏松度和通气性，又可改变砂土的松散状态，防止土壤板结，有利于根系发展，改善土壤热状况。腐殖质疏松多孔吸水蓄水力强，可以提高土壤的蓄水保湿能力 50% 以上。树叶形成的酸性腐殖质，特别有利于杜鹃类和许多种类的花卉、树木生长。

知识链接

腐殖质是有机物经微生物分解转化形成的胶体物质，一般为黑色或暗棕色，是土壤有机质的主要组成部分。腐殖质主要由碳、氢、氧、氮、硫、磷等植物生长发育所需的营养元素组成，能改善土壤，增加肥力。

树叶在分解的过程中不仅可以产生水和二氧化碳，还能产生各种矿物质，这些矿物质对植物的生长是非常好的，可以促进植物生长健壮，更加枝繁叶茂，这也是生命循环的一个过程。大自然是多么的奇妙啊！

通过前面的学习，同学们了解了原来树叶对于土壤的改良、对于树木的生长有这么重要的作用。大自然真的好神奇，自己就在进行着资源循环，周而复始。

“无废小达人”成长记

6.2.3　给树叶建个新家

前面我们学过，植物枝叶在土壤中经过微生物分解发酵后便可以形成腐叶土，它可是非常有营养的花木栽培用土，我们的教室和老师们的办公室种植的吊兰、绿萝、君子兰等植物都适合用腐叶土作为营养土。有了这个知识，一下子让我们对烦人的树叶有了新的认识，忽然觉得它们可爱起来，简直是宝贝了，那我们一起给宝贝们建个新家吧——校园树叶堆肥箱，见图 6-17。

图 6-17　校园厨余堆肥示范区

在学校可以利用落叶+厨余垃圾的堆肥方法，其原理是通过微生物大量繁殖而使有机原材料分解发酵。首先要选择合适的堆肥点，见图6-18。选择堆肥地点的原则如下：

①距离堆肥原料产生场所（如厨房、食堂）较近，可减少运输距离。

②避免阳光暴晒，也避免直接淋雨，最好在墙角或树荫下堆肥，便于控制湿度。

③堆肥箱或堆肥围栏应放置在自然土壤或绿地上面，使堆肥尽量直接与下方土壤接触，不宜放置在水泥地等硬地面上。

④放置地点不应在低洼积水处。

⑤建议选择平时人流少的位置。

⑥堆肥地点应通风良好。

⑦距离水源较近，或便于引来水管。

图6-18　堆肥地点选择

所需原料及条件包括碳（落叶、干草、木屑等）、氮（果皮、菜叶、豆渣等）、适宜的湿度、通风及温度（高温环境下发酵更快），见图6-19。

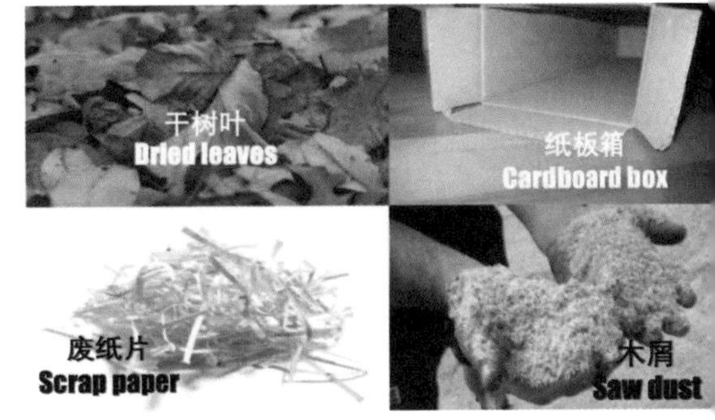

图6-19　堆肥材料选择

选好了原材料和堆肥地点，要用什么容器进行堆肥呢？其实容器是可以自己做的，见图6-20。

图 6-20　堆肥容器

附：给树叶建个新家——校园堆肥记录册

第一部分：新家选址

选址时间

参与人员：

新家选址图片（建议 3 ~ 5 张）

第二部分：建造新家

建造时间：

参与人员：

建造新家图片（建议 3 ~ 5 张）

做好以上准备工作，我们就可以正式开始堆肥了，具体操作步骤如下：

①在底部放置干树枝等粗大的材料，使堆肥堆能够透气。

②放一层湿的厨余垃圾（果皮或菜叶）；再放一层落叶，覆盖住厨余；浇水润湿肥堆；继续投放堆肥材料，直到要装满为止。最上一层要覆盖树叶或土，不可让厨余垃圾直接暴露在外。

③每隔一个月左右整体翻动一次肥堆，使全部材料充分接触空气，加快发酵过程；放入大量厨余和落叶后，一周左右肥堆会冒出热气，温度可达 40 ~ 60℃。全部材料彻底分解大约需要 6 个月的时间（南北方有差异）。

寒假过后，春天归来，把咱们堆肥箱产出的营养土作为礼物送给老师，栽种上各种绿色植物或小花，美化老师的办公室，这将是一份多么美好的春天礼物啊！

第三部分：见证变身

堆肥后第一周、第一个月、第二个月、第三个月、第四个月、第五个月、第六个月翻动堆体，观察现象，测温记录。

见证变身图片

6.2.4 落叶创造缤纷画作

一到秋天，我们就能看到这样的美景：秋天就像是个画家，拿起画笔，在浓绿的树叶上轻轻一点，顿时，树叶变得五颜六色，绚烂多姿。多彩的树叶随风飞舞是一种动态的美，多彩的树叶静静躺下也有一种神奇，它们可以创造一个无限缤纷的大世界。让我们走进大自然，带着一双发现美的眼睛，开启一颗沉睡的心灵，轻轻收集独一无二的落叶，用它们做一个秋日的自然艺术品吧。沉浸在树叶的创造中，你会很放松，你会收获与大自然妈妈的亲子链接。

资源链接

叶画是利用采集到的花草树木的花、叶、茎等所创造出来的作品，因其在不同的季节所呈现出来不同的形状和颜色，再通过剪贴而来，所创作的作品别具匠心、巧夺天工，见图 6-21。

图 6-21　叶画作品欣赏

※ 叶片的采集

图 6-22　叶片的采集

叶片的采集要广泛。树叶、花叶、草叶以及花籽与梗等都可以作为叶画的材料，都应该采集备用。采集的叶片尽量形状多样，颜色丰富，见图 6-22。

※ 叶片的分类保存

将采集回来的叶子进行整理，把叶片擦干净，把叶子放平展。把叶片夹在一本书里。在书上面压上重物，放在干燥通风的地方，让水分慢慢蒸发。

※ 叶画的制作工具

● 剪刀和镊子：平常使用的剪刀和镊子就可以，但要注意保持干净。

● 毛笔或小刷子：涂胶用，注意笔头不能太松散，否则涂胶时容易把画面弄脏。

● 纸板和白纸：选择比较白的、光度好的纸，不能太薄，否则容易弄破，还可以根据画面要求选择其他颜色的纸。纸板可以自己制作，以平整、有硬度为好。

● 乳胶：乳胶干得比较快，对叶子没有损伤，干后不留痕迹，也没有腐蚀性和污染，价格也很便宜。

※ 构思画面，固定叶片，塑封保存或拍照保存后将画作各部分废弃物分类处理。

※ 大地作画纸，和老师、同学们一起来创作自然艺术品，合作完成后拍照留念，然后所有的废弃物都可以循环回到大自然妈妈的怀抱哦！见图 6-23。

图 6-23　大地叶画作品三幅

6.3 “无废学校”的神秘之三：校园减塑与回收行动

知识宝藏我来挖

说到塑料，其实我们每一个伙伴对它都不陌生。打开我们每天上学的书包看一看：书本皮、文件袋、笔袋、各种笔、尺子……这些我们最常用的学习用具（图 6-24），很多都有共同的材质——塑料。它们防水耐磨，保护了书本；它们五颜六色，美化了视觉；它们百变造型，丰富了用途。它们真的很好用、好看、好带，所以很受欢迎，塑料可以说几乎是无处不在。

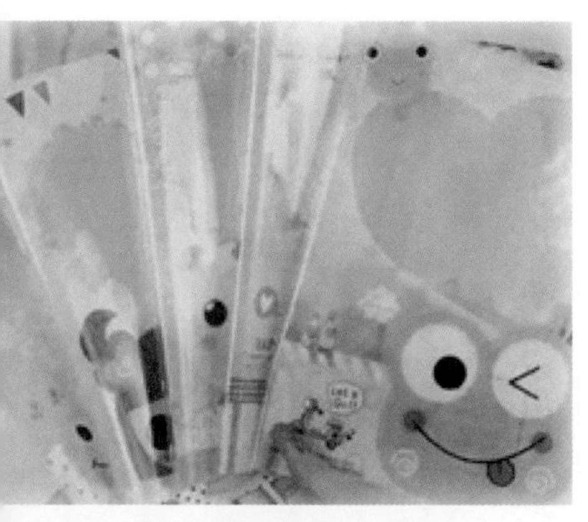
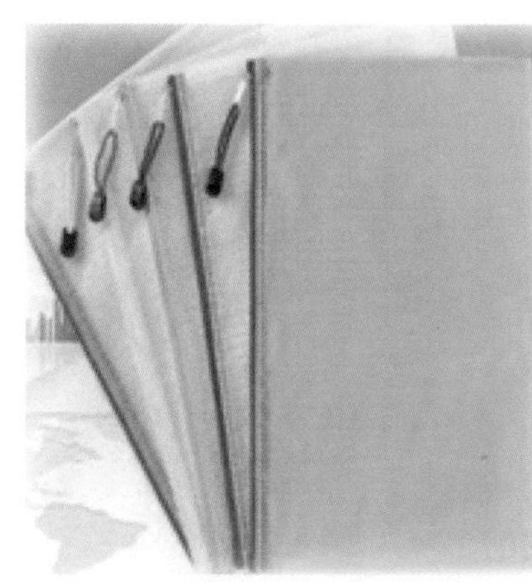
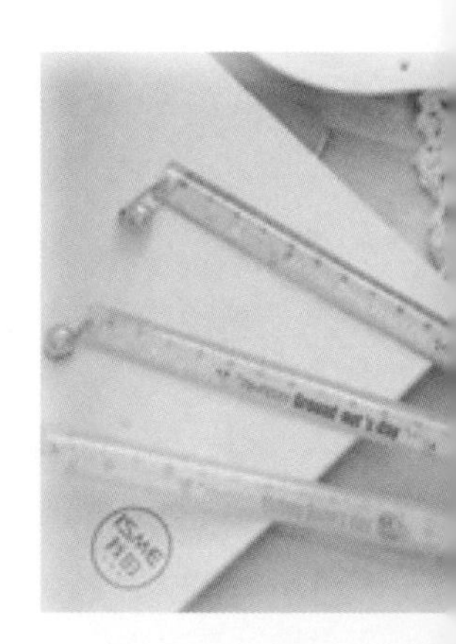
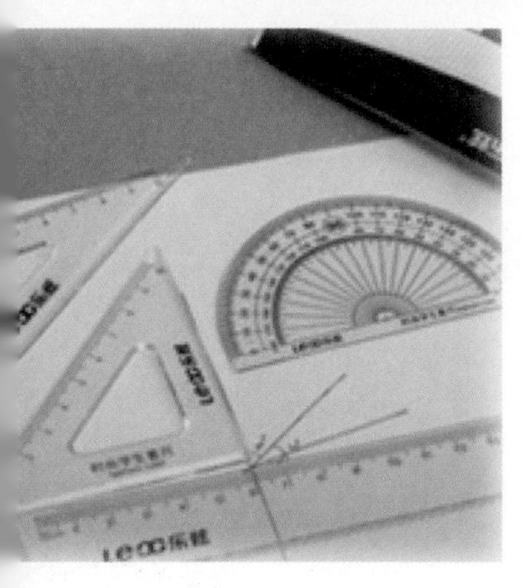

图 6-24　各种各样的塑料文具

6.3.1 塑料与人类生活

6.3.1.1 什么是塑料？

塑料是以单体为原料，通过加聚或缩聚反应聚合而成的高分子化合物(macromolecules)，其抗形变能力中等，介于纤维和橡胶之间，由合成树脂及填料、增塑剂、稳定剂、润滑剂、色料等添加剂组成。

塑料的主要成分是树脂。树脂是指尚未和各种添加剂混合的高分子化合物。树脂这一名词最初是由动植物分泌出的脂质而得名，如松香、虫胶等。树脂约占塑料总重量的40%～100%。塑料的基本性能主要决定于树脂的本性，但添加剂也起着重要作用。有些塑料基本上是由合成树脂所组成，不含或少含添加剂，如有机玻璃等。

伙伴们看到这些可能感觉有些深奥，没关系，我们可以简单了解，大概知道塑料的成分就可以了。说到塑料制品，在我们现实生活中，随时随地会出现，会使用。小到菜市场的塑料袋，我们常喝饮料的塑料瓶，厨房里的洗菜盆，餐桌上的餐碟，脚上的塑料凉鞋，身上背的包包，大到工业生产中地膜，齿轮制品等，所以说在我们的生活中随处可见塑料制品。

6.3.1.2 塑料与人类生活的关系

塑料制品给我们人类生活带来了很多的好处，用途广，颜色多变，物美价廉，方便实用。

知识链接

塑料的材料特性

（1）耐化学侵蚀；

（2）具光泽，部分透明或半透明；

（3）大部分为良好绝缘体；

（4）质量轻且坚固；

（5）加工容易，可大量生产，价格便宜；

（6）用途广泛，效用多，容易着色，部分耐高温。

但如今，全世界每年以亿吨为单位产出的塑料垃圾，导致地球陷入了巨大的塑料污染危机当中！在中国，每人每天平均产生大约1.1千克的生活垃圾，这些垃圾有的可以自然降解，有一些，如一次性塑料制品，填埋处理之后，不仅破坏土壤，而且需要经过数百年才能被逐渐分解。大量随意处置的一次性塑料袋已经成了白色公害，一方面污染环境，另一方面还对海洋生物造成严重的威胁。塑料污染的飞速增长正在悄悄地毁掉地球的生态环境！

知识链接

世界上极具代表性的《国家地理》杂志在官网上发布了一个活动，一时引起了很大的反响。这个计划的主题名为“PLANET OR PLASTIC？”（是地球还是塑料星球？），封面中是一个在海中的塑料袋，在海面上露出了其中一角，意为人类目前看到的海洋塑料污染只是冰山一角，见图 6-25。

图 6-25 《国家地理》封面

知识链接

这是摄影师在西班牙的一个垃圾填埋场拍下的一张照片（图 6-26），这只可怜的鹳几乎被塑料袋套住了整个身子，如果不是被摄影师发现并帮它取下塑料袋，它可能就会在不久之后窒息而死，然而，在这么多塑料垃圾的区域生活，即使这次被解救，它之后依然有很大的可能性再次被塑料制品套住而失去生命。

图 6-26 塑料袋套住的鸟

看到上面的这些，我们能够感受到，塑料制品虽然给人类生活带来了很多便利，但过度使用也给我们的生活及环境安全带来了很多隐患！其实很多塑料制品经过回收、清洗、消毒，在科技支撑下，可以再次创造出我们日常生活中所需的物品，继续为我们人类提供生活便利，这也是我们“无废城市”中“无废学校”的理念之一！

6.3.2 “无废学校”的“减塑”法

伙伴们，看到这些图片（图 6-27 和图 6-28），我们知道了很多塑料制品可以再次利用，但要想让它们发挥二次利用的价值，在平时的学习生活中，我们就要正确认识它们，并且正确使用它们，做到：

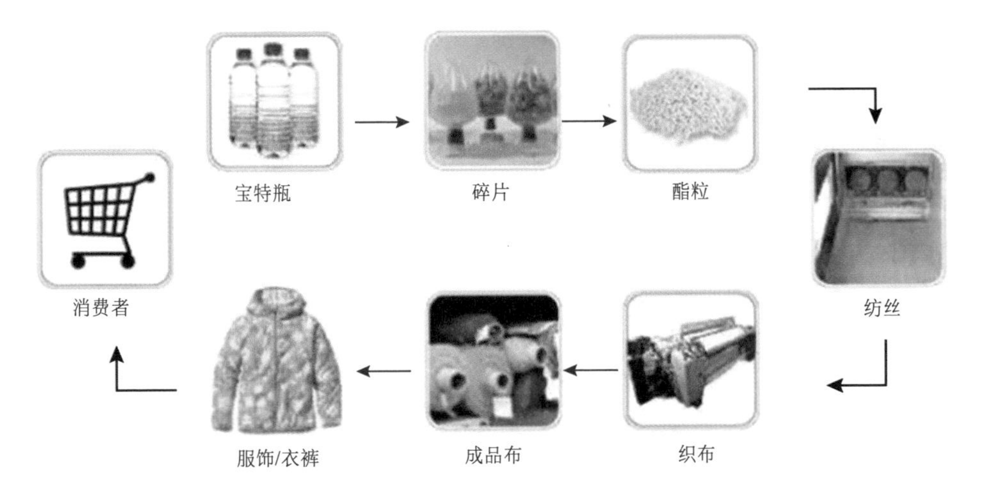

图 6-27　由塑料瓶变身成美丽的衣服

图 6-28　塑料瓶 DIY 作品

①认真学习“减塑”的相关知识并掌握“减塑”的方法；

②选择塑料文具的替代品，例如用挂历纸包书皮、选购布制文件袋、尺子可以选择木质或钢制的材料等；

③选择质量好的塑料文具，可以使用更持久以减少塑料垃圾的产生；

④爱护文具，尽量延长它们的使用寿命，减少塑料废弃物的产生；

⑤不能使用的废弃塑料尽量保持其干净、干燥、无异味，分类投放或回收给专业机构，避免随意丢弃；

⑥配餐中的酸奶盒可以清洗晾干回收，还可以尝试不使用塑料吸管喝酸奶；

⑦饮料瓶和矿泉水瓶清空后投放到学校指定的专业回收处；

⑧ 在家也要带领家人一起正确使用塑料制品，做好废弃塑料制品的收集与回收处理；

⑨ 按时参与学校的回收日，将家里及学校里的有用可回收物进行科学、公益的收集及捐赠。

典型案例

2022年4月，百事公司推出国内首款“无瓶标”装百事可乐，以换新包装传递品牌“无瓶标共环保”的低碳主张，并希望以此带动更多行业伙伴及消费者践行可持续发展理念，共筑低碳未来，见图6-29。

“无瓶标”装百事可乐既保留了经典专利瓶身设计，又减少了瓶身塑料标签及瓶盖上的油墨印刷，作为替代的是浮雕式的品牌商标及产品名称，既简洁大方又凸显了品牌核心标识。该设计不仅减少了生产过程中的材料和能源使用，更简化了回收过程中的瓶标分离步骤，提高了回收利用率，有效减少了能源过度使用引起的碳排放。此外，百事公司还使用激光打印技术在瓶身上方呈现产品追溯与保质期等信息，方便消费者了解。

而在产品外层的多连包包装上，百事公司则采用含有24%再生聚乙烯成分的材料，并添加“好好回收”标志倡导环保行动，进一步践行减碳理念。标志基于可回收符号进行创新设计，增加了点赞手势，并在“回”字图案上围绕圆心融入两个箭头，象征着被回收的饮料瓶将循环再生，重回消费者身边。

图6-29 百事公司推出无瓶标环保包装

如今，塑料已经是全球头号污染源，手边的塑料制品垃圾，你都怎么处理？

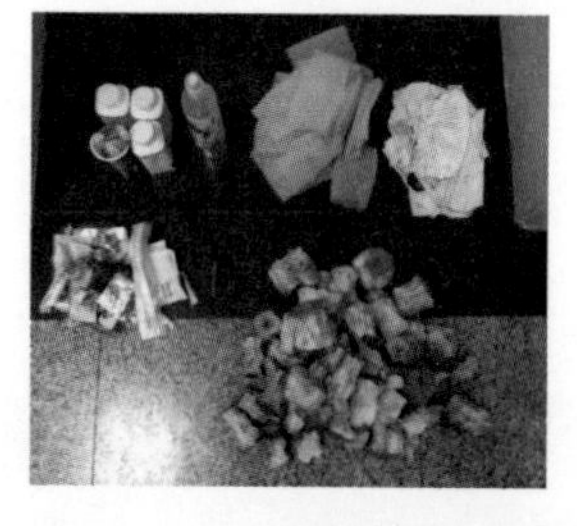

图6-30 抽样与分类统计

“无废小达人”成长记

6.3.3 学校塑料垃圾调查与减塑行动

※ 通过桶前值守观察师生垃圾投放情况并记录塑料垃圾的类型及投放情况，完成相应的记录，见图6-30和表6-3。

抽样统计调查记录单

调查人姓名:

调查日期及时间:

抽样点位置:

表 6-3 塑料物品去向统计结果记录表

	饮料瓶	酸奶瓶	塑料包装	塑料文具	……
数量					
去向					
价值					
危害					
备注					

※ 设计简单的电子调查问卷，了解学校中同学和老师日常产生的垃圾中属于塑料类物品的处置与投放习惯。

※ 完成一份图文并茂的学校塑料垃圾调查报告。

调查报告

调查人:

调查时间:

调查地点:

调查图片展示:

调查数据展示:

调查结论报告:

图 6-31 《塑料海洋》观影会

※ 建立“加速减塑，塑料回收日”。

①以调查报告的形式向学校提交书面申请。

②组织《塑料海洋》观影会（图 6-31），进一步宣传塑料类废弃物回收的紧迫性和重要性。

③制作学校废弃塑料回收宣传展板及废弃塑料回收日标识。

加速“减塑”我们的校园

“废弃塑料回收日”来啦！

时间：

地点：

要求：

④ 招募学生志愿者轮值“废弃塑料回收日”的回收及清运等工作，制作学生志愿者报名及岗位表，见表 6-4。

表 6-4 “废弃塑料回收日”学生志愿者报名及岗位表

班级	姓名	岗位

⑤ 参与活动的同学交流本次活动的收获与体会，并撰写活动报告，在学校升旗仪式或主题少先队 / 团队会活动中向全校师生分享。

6.4 “无废学校”的神秘之四：绿色无废办公室

知识宝藏我来挖

伙伴们，你们印象里老师的办公室是不是充满了作业本、试卷纸和伏案忙碌的老师？而这个办公室花草满处，绿意盎然，特别是有一些奇奇怪怪的摆设格外显眼，有画着三角标志的纸箱，贴门而挂的布袋，瓶瓶罐罐里的弯折的订书钉和有很多划痕的夹子……下面，让我们一起探寻神奇办公室的奥秘吧！见图 6-32。

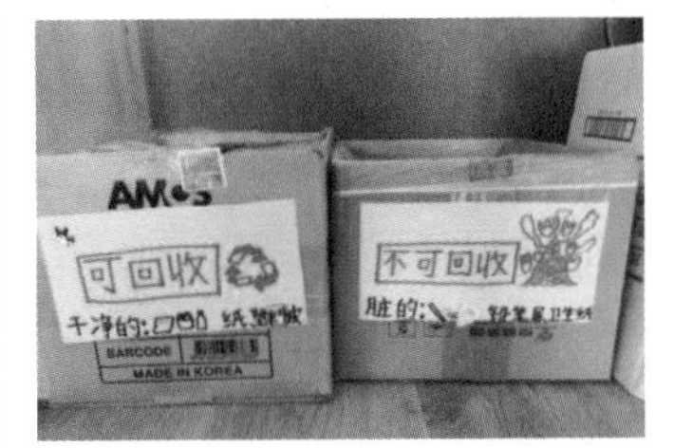

图 6-32　绿色无废办公室三个场景

6.4.1　什么是绿色办公？

伙伴们，我们经常进进出出办公室，可是你有没有想过当“办公室”遇上“绿色”会是什么样？其实呀，绿色办公的范围很广，在办公活动中节约资源、减少污染物产生与排放、废弃物回收利用以及办公环境、办公产品、办公人员的身心都安全健康等都是绿色办公的重要内容。绿色办公室不仅能保护环境还能降低办公成本。

6.4.2　绿色办公与无废学校的关系

绿色办公室像是一个生命保温箱，希望办公室里的生命能够不断延长，这里物品都尽可能进行二次、三次利用，来达到节约资源和保护环境的目的。而无废学校的目标是希望实现校园固体废弃物资源化与无害化，最终营造环保、节能、友好的校园环境。可以说，绿色办公是实现无废学校的重要一环。在办公室内发生的绿色循环不仅能带动同学们在学校期间的无废行为，也能给同学们未来的工作习惯做很好的示范。

6.4.3　绿色办公室的神秘之处

在这间办公室里，会有很多意想不到的神秘之处，这些神秘之处，让整个办公室的工作，形成了源头减量、物尽其用、再次利用及人人参与的良好的循环体系，那这些神秘之处是什么呢？让我们一起来揭秘吧！

6.4.3.1　办公室里的绿色公约

绿色办公室的推行需要办公室里所有人的支持，所以很多办公室都制订了绿色公约，包括电灯与电器设备的使用要尽量节能省电，通风设施及空调要控制使用，节约用水，有效减少废弃物，办公用品回收利用，增加绿植，改善办公室内的工作环境。当然，这些公约是需要每一位老师的行动才能真正有效！

6.4.3.2　办公室里的无纸化办公

伙伴们，你们可否知道在办公室里，超过 60% 的打印文件在阅读完的

图 6-33 无纸化办公和学习

几天后即被丢弃，而制造每一吨纸需要使用3.5吨的木材。在中国，每年用于造纸的木材就超过1000万立方米，这相当于10年生树木2亿棵！这让人惊叹原来办公室的纸张浪费情况这么严重！因此，很多绿色办公室都把无纸化办公视为非常重要的目标。

无纸化办公简单来说就是不用纸张，而是通过互联网、计算机、软件传输进行办公，如必须使用纸张要实现正反面使用，产生的废纸整齐打包投放可回收物处进行资源回收，见图6-33。

图 6-34 办公室垃圾分类展示

6.4.3.3 办公室里的垃圾分类

那同学们为什么还会在办公室看到很多垃圾桶呢？虽然办公室经过了一些源头减量措施的改善，但有些物品的使用还会走到尽头，这些废弃物数量多、成分复杂。它们又是怎么被处理的呢？

首先，需要根据废弃物类型进行合理的分类。把日常产生的废弃卷子、书本、报纸，废弃的茶叶渣、咖啡渣、果皮、一次性餐具和餐盒，办公需要的快递纸箱、胶带、编织袋、塑料袋等按照可回收物、厨余垃圾、有害垃圾和其他垃圾进行分类，并且通过设置不同类型的垃圾桶和标识进行引导，见图6-34。

分离出来的可回收物可以和学校其他地方产生的可回收物一并交给传统回收业者或者新型环保企业，见图6-35。

图 6-35 新型环保企业可回收物回收

典型案例

神器介绍

环保企业开发的饮料瓶智能回收机之类的“神器”，它不仅具备自动称重、自助投放、返还积分等功能，智能回收站还能设置触摸屏，可播放宣传视频、音频，柜体可投放宣传海报，可触式体验作为平面条幅海报宣传的补充，对日常分类进行“耳濡目染”式的互动引导。

分类出的其他垃圾和有害垃圾将由学校统一交给市政，通过焚烧、填埋等方式进行无害化处理。

而办公室内的厨余垃圾相比食堂而言数量不多，较好处理，可以在办公室或者学校内部通过堆肥、制作环保酵素等方式实现垃圾的就地资源化处理，产生的有机肥料可使办公室内的绿色植物更加美丽。

6.4.3.4 办公桌上的小宝贝

伙伴们，当我们来到绿色办公室时能看到桌子上有很多漂亮的本和笔，这些“小宝贝”可大有来头，它们是废弃物再生而成。比如图 6-36 这个本，它使用了森林管理委员会（FSC）认证的 100% 再生纸和无毒大豆油墨制成，十分低碳环保，你可以无负担地在上面书写创作！

图 6-36　100% 再生纸和无毒大豆油墨制成的美丽本子

还有图 6-37 这个铅笔，它可有着大奥秘！它是世界上唯一的原创、可种植的种子铅笔。它们由可持续采购的木材制成，可生物降解，因此环保。同时，这些种子铅笔还含有十种非转基因种子，当你快把它用完时，可以把它种植在土里，就会生长出植物。这种铅笔也是无铅的，所以无毒。

图 6-37　可种植的种子铅笔

6.4.3.5　办公室里的绿色

绿色植物是办公室里不可或缺的成员。有研究表明，1/3 的欧洲现代办公建筑都存在室内空气不良的现象，甚至导致员工病假率偏高。而向办公室引入健康植物后，因病假导致的员工缺勤率减少了一半。如果每天在电脑屏幕旁放置健康植物达 4 小时以上，人们的工作效率就会大大提高。可以看出，这些“绿色朋友”不仅能够美化环境，还能帮老师们调节紧张的工作情绪，让人感到宁静、温馨，而且还有净化空气、杀灭细菌的效果。

知识链接

一般来说，德国人的办公室人均拥有植物的数量为 3 盆，如果办公面积较大，人均可达到 5 盆之多。

办公室内摆放花卉植物一般以万年青、发财树、铁树和金钱榕为多。因为这些植物大都绿叶繁茂，通过光合作用，吸收二氧化碳，放出氧气，使封闭式办公室内的空气变得清爽，见图 6-38。

图 6-38　办公室的绿叶植物

6.4.3.6　神奇的褪色打印机

来让我们看看这个打印机 (图 6-39)，它有什么神秘之处？这台打印机是褪色打印机，使用了特别研制的墨盒。褪色墨水中的特定化学成分会与空气产生反应，几天之后，使用褪色墨水打印的纸张将还原成干净的白纸，可被放回纸盒重新利用。如果用于办公中，将会节省大量的办公用纸，神奇吧！

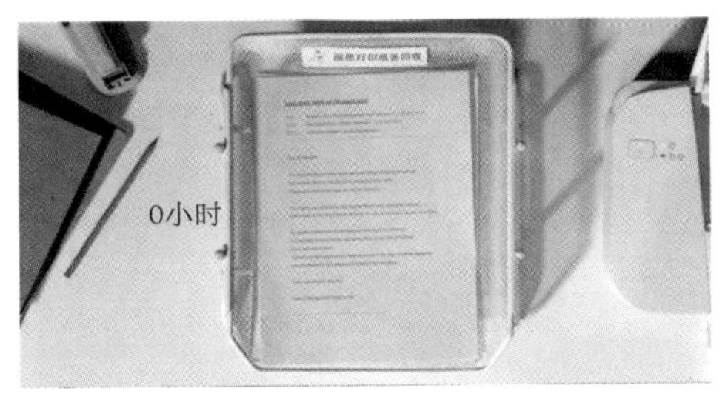

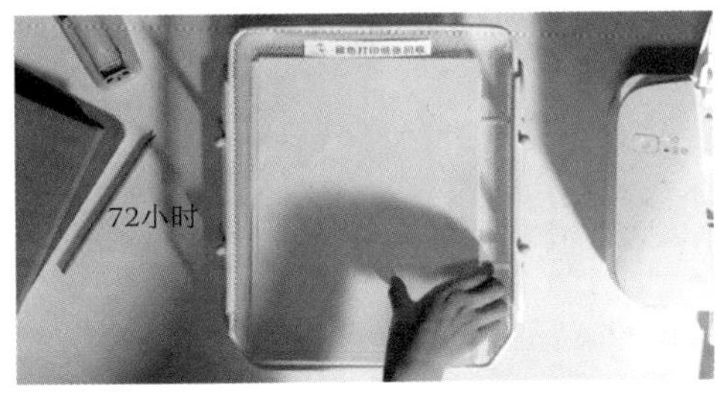

图 6-39　神奇的褪色打印机

6.4.3.7　绿色办公椅

下课了，伙伴们来到绿色办公室，忽然发现今天这里安装了奇特的新座椅，它们不仅外观新颖，而且身上还写着神秘的前世今生的故事，哇！它们竟然是由千万个废弃的牛奶盒变身而来？太不可思议了！让我们一起揭秘这个新奇宝贝吧，看看一个牛奶盒的前世今生。

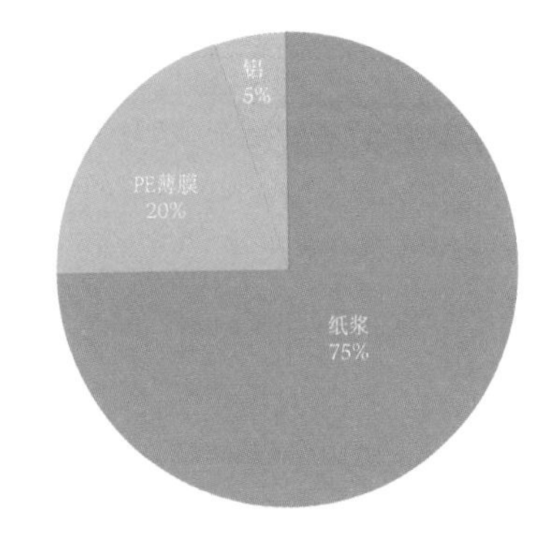

图 6-40
一个利乐包装牛奶盒的材质占比

1952 年，第一个纸质包装的牛奶盒——利乐包，被瑞典人鲁宾劳辛 (Dr. Ruben Rausing) 发明，见图 6-40。对于这样一个复合材料的循环再利用有两种方法。

第一种方法是完全再生。通过分离流程，将牛奶盒分别变成纸、塑料、铝粉，作为原料重新制造其他产品，见图 6-41。

图 6-41　纸、塑料、铝粉再生料

第二种方法是不做分离，直接加工。首先把牛奶盒粉碎成 2 ~ 5 平方厘米的碎片，然后挤压碎片，让其中的塑料融化再重新凝固，最终就可以成型为塑木 / 彩乐板产品，我们看到的许多再生座椅都是用它们制造的，见图 6-42。

图 6-42　牛奶盒再生的座椅

6.4.3.8　随处可见的提醒贴

在办公室忙碌难免会疏忽忘记“错位之宝”应该去的正确位置，所以为了提醒、引导办公室里的人们形成良好的绿色办公习惯，我们的办公室里应多一些特别的贴纸，如“节约用水，关注点滴”“低碳节能，只能制冷 26 度”等。

6.4.3.9　产生垃圾最少的办公室

随着人们环保意识的增强，很多的办公室提出了物尽其用的具体举措，尊重自然、绿色生活理念的倡导也把这些倡议变成了减少废弃物的行动：

①从源头减量方面，鼓励文件传阅尽量使用电子文档代替纸质文件，自带便当或食堂就餐代替外卖。

②从重复利用方面，提倡双面打印文件代替单面打印，夹子、曲别针代替订书钉，灌水钢笔的使用代替一次性圆珠笔，自带餐具代替一次性餐具，布袋子代替塑料袋。

③从循环利用方面，提倡分类回收可以循环再利用的废弃纸张、订书钉、塑料类物品、电子电器等。

办公室是学校生活中非常重要的场所，经过前面几节的魔法学习，小魔法师们是不是也迫不及待地想在办公室里施展魔法，和老师们一起挖掘办公室内的“错位之宝”，一起打造“无废”办公室了呢？

“无废小达人”成长记

6.4.4　办公室循环计划

办公室内有很多纸、笔、订书钉在不断经历着从使用到废弃的过程，带着魔法知识，“无废”小魔法师们要寻找一个办公用品循环使用的方法了。

图 6-43 废弃物记账本

请以 3 ~ 5 人为一组，调研一个办公室，根据其现状情况制订一个可持续的办公室循环计划。

※ 办公室废弃物记账本

选取学校内一个办公室作为调研对象，通过实地观察和老师访谈，以记账的形式，记录一周内每天产生的废弃物种类并统计它们的数量。分别说说这些废弃物有什么改善方式，见图 6-43 和表 6-5。

表 6-5 废弃物记账本

日期	废弃物类型	每日产生的数量	改善方式
小结:			

※ “循环” 倡议

在调研的基础之上，选取其中可以进行循环利用的废弃物为活动策划的主要对象。提出办公室循环计划的目标，把它凝练成一句口号，指导整个计划的执行。例如：“有一种植树叫做纸张回收！”

※ 循环计划策划

厘清循环计划中需要参与的人员，规划他们在计划中分别承担什么角色。

结合调查分析：可循环的废弃物集中收集的频率是多少？是在办公室内部进行循环还是进入学校、社会层次的网络进行循环？列出它们收集、利用的方式，并且制订时间表，定时定点进行废弃物收集。见表 6-6

表 6-6　办公室循环计划策划书

倡议宣言：	倡议人：
办公室可循环废弃物现状情况：	
废弃物循环计划：	
人员时间实施安排：	

6.4.5　零废弃设计师

办公室里有很多可以继续循环利用和重复使用的“错位之宝”，它们从使用到再次被使用的过程中可能需要一定的时间周期，所以会被统一收纳在办公室的某个地方一段时间等待下一次使用。小小魔法师们，请大家发挥自己的设计创造能力，选取一种需要进行收纳的“错位之宝”，找到适合的容器，并在容器上面设计一个美观又实用的logo（参考图6-44），方便指引办公室里的人员能够很快地找到“错位之宝”应该去的位置。

图 6-44　废弃物收纳容器 logo

6.5　“无废学校”的神秘之五：校园魔法食堂

知识宝藏我来挖 

学校餐厅是伙伴们在校园中最熟悉的场所之一，也是校园中最容易产生垃圾的地方，但是大家知道“无废学校”中的魔法食堂是什么样子的吗？它和我们平日的食堂有什么不一样呢？我们该如何把学校的食堂变成真正的魔法食堂呢？下面就让我们一起来开始这一章节的学习吧！

6.5.1 一顿饭来之不易

“锄禾日当午，汗滴禾下土。谁知盘中餐，粒粒皆辛苦。”这首《悯农》相信伙伴们已经很熟悉了，它讲述的是农民伯伯用辛苦劳作换来了让我们填饱肚子的粮食。那么小伙伴们知道我们餐桌上的美食原料到底需要多长的时间才能真正成熟吗？

让我们先看看大米是怎么来的，也就是水稻是如何生长的，见图 6-45。

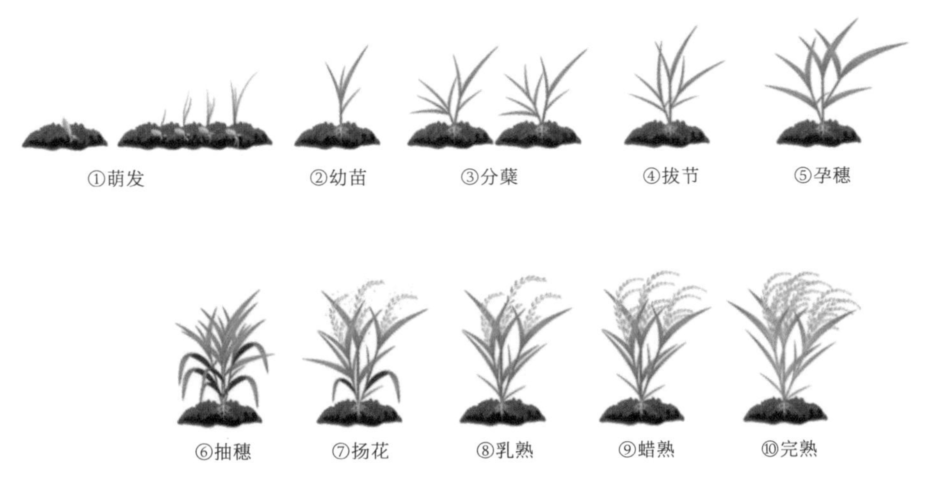

图 6-45 水稻的生长过程

原来水稻的生长需要经历这么多过程呀！伙伴们知道吗，它在不同地区的生长周期差异可大了！在南方地区需要 100 ~ 120 天，在东北地区则需要 200 ~ 240 天。常见的粮食还包括小麦，食堂中的馒头、烙饼就是由小麦磨成的面粉制成的，它的生长周期差异也很大，冬小麦在南方需要 120 天左右，北方需要 270 天左右。在食物中，成熟最快的是蔬菜，其次是粮食，最后是禽畜。平时我们经常吃到的生菜，它的生长周期是 35 天左右；大白菜需要 70 ~ 90 天；而西红柿需要 110 ~ 140 天。接下来再看看我们最爱吃的肉类，肉鸡（用来食用的鸡）成熟需要 1 ~ 2 个月；而猪的养殖周期为 150 ~ 180 天。

在了解了一些有关生长周期的知识后，各位伙伴是不是对“粒粒皆辛苦”有了更深刻的认识了呢？相信大家都知道节约粮食是对农民伯伯的辛劳、对大自然的馈赠的最好感谢，但是节约粮食的意义不止于此，让我们一起继续学习吧！

6.5.2 粮食安全问题是关系国家战略安全的重大问题

2020年两会期间，习近平总书记指出：手中有粮、心中不慌。新冠肺炎疫情如此严重，但我国社会始终保持稳定，粮食和重要农副产品稳定供给功不可没。同年七月，习近平总书记考察时指出，要把保障粮食安全放在突出位置，毫不放松抓好粮食生产。

粮食安全是指保证任何人在任何时候能买得到又能买得起为维持生存和健康所必需的足够食品。正所谓“国以民为本，民以食为天”。粮食既是关系国计民生和国家经济安全的重要战略物资，也是人民群众最基本的生活资料。粮食安全与社会的和谐、政治的稳定、经济的持续发展息息相关。

在人类文明进程中，粮食的影子无处不在，它潜于王朝的起落，它隐在厚厚史册的字里行间。王朝兴衰、政权更迭的外因可以有很多，但其中的共性，也可以说是根本原因，往往在于吃饭问题。

典型案例

读史谈今：“粮食战争”成就齐桓公霸业

在春秋初期，齐国的国力并不是很强盛，齐国的崛起是通过两场粮食战争开始的。

第一场：齐鲁是邻国，本来封地差不多大，一个是周公的子孙，一个是姜子牙的后代。鲁国就成为管仲的第一个战胜目标。鲁国的纺织技术发达，织出的缟又薄又细，天下闻名。管仲觉得有利可图，于是就让齐王穿鲁缟做的衣服，同时鼓励齐国人都穿鲁缟，同时鼓励商人大量进口鲁缟。这样鲁国人看织缟有利可图，慢慢发展成为支柱产业，田地种桑养蚕，大量的农人从事鲁缟的生产，农业生产就荒废起来。管仲看着时机成熟，让齐王一声令下，齐国人禁止穿鲁缟。鲁国顿时傻眼了，毕竟鲁缟可不能吃，国内瞬间怨声载道。这样一来，鲁国经济大坏，出口拉动型经济一落千丈，粮价大涨，鲁国迫于经济崩溃，不战而屈于齐国。尝到这个甜头，管仲又把目光瞄到了楚国。

第二场：楚国强大，是齐国的劲敌。管仲就让齐王养鹿，从楚国大量高价收购楚鹿，同时低价在楚国倾销粮食。在齐国的价格哄抬下，鹿价飙升，楚人纷纷进山猎鹿，捉一只鹿相当于种几亩地的收入，于是楚国农民弃田捉鹿。看着时机成熟，腹黑的管仲再一次故技重施，他忽然禁止粮食出口，同时禁止养鹿，已有的鹿大量出口低价转卖，楚国瞬间叫苦不迭。这样一来，鹿价大跌无人再要，粮价却飙升，楚国人无钱买粮，纷纷逃亡。齐王出兵攻击楚国，挨饥受饿的楚兵临阵脱逃，楚王只好认输讲和了。

两场粮食战争过后，齐桓公的霸业开始了。从古到今，成也粮食，败也粮食。这就是历史告诉我们的真谛。

当前，全球气候变化和新冠肺炎疫情大流行，同样给世界粮食安全带来了重大挑战。无贫困、零饥饿位列联合国确定的17项可持续发展目标之首。面对这场突如其来的疫情，很多国家和地区都在与病魔持续作战，而我们作为新时代的青少年，应该具有忧患意识，应该为社会的稳定做些力所能及的事，比如节约粮食，杜绝“舌尖上的浪费”。

6.5.3 魔法食堂的神秘之处

通过前面的学习，各位伙伴已经可以进入魔法食堂中就餐啦，下面让我们一起进入魔法食堂，探究它的神秘之处吧！

6.5.3.1 魔法食堂的就餐要求

没有规矩，不成方圆，首先，让我们一起了解下魔法食堂就餐的要求吧！只有做到这些要求，小伙伴们才是“受欢迎的小食客”哦！

首先，我们要端正自己的态度，做到尊重粮食、珍惜粮食。其次，我们要明确一个原则，盛饭要适量，吃多少盛多少。要把碗里的饭吃干净，做到不随便剩饭剩菜，不偏食，不挑食。《朱子家训》写道“一粥一饭，当思来处不易；半丝半缕，恒念物力维艰”，粮食是劳动者付出辛勤劳动、大自然消耗大量资源产生的财富，浪费它就是白白丢弃劳动成果、无端牺牲生态环境，最终受害的还是人类自己。

了解了这些道理和原理，相信伙伴们就餐光盘的动力一定会大大提升。那我们的食堂就可以无废了吧？NO！NO！NO！那是为什么呢？原来我们忽略了一个重要的场景，其实除了餐中减少厨余垃圾的产生，餐前的准备阶段也会产生很多厨余垃圾，怎么才能减少这种现象呢？让我们一起去魔法食堂的厨房操作间看看吧！

6.5.3.2 厨房操作间

伙伴们一定很好奇魔法食堂的厨房操作间长什么样子。这里有什么神秘之处呢？它是如何为无废校园做贡献的呢？一起来看看吧！

减少浪费要从餐前开始，说到准备饭菜的过程中产生的厨余垃圾，很多伙伴想到了不新鲜的菜叶子、无法食用的玉米皮……其实在这个过程中有很多食材是可以制成美食，而不是被当成垃圾丢掉哦！

伙伴们你们知道豆渣吗？豆渣是生产豆浆或豆腐过程中的副产品，大豆中有一部分的营养成分还残留在豆渣中，其中丰富的食物纤维对肠道消化很有帮助，扔掉很可惜！这些豆渣可以用来做成豆渣饼，它既能当早餐吃，还可以当菜和零食。它的做法很简单，只要加入配料、鸡蛋、淀粉和喜欢的食

图 6-46　豆渣变美味

图 6-47　西瓜皮制作的菜肴

材一起拌匀，下锅煎成小饼状即可，很多伙伴们可能都吃过，见图 6-46。

还有一种常见的食材大家一定想不到，那就是西瓜皮。一般情况下，吃完西瓜，大家会把西瓜皮丢掉。俗话说“10 斤西瓜 3 斤皮”，随便丢弃真可惜。事实上，西瓜皮的清热解暑功效比西瓜瓤更好呢！西瓜皮除含丰富的维生素和烟酸外，还含有多种有机酸及钙、磷、铁等矿物质，可以用来小炒或者凉拌，见图 6-47。

伙伴们，你们还知道哪些经常被丢弃，但实际上可以制成美味的食材呢？和大家分享一下吧！也可以和家里的长辈们了解一下，全家一起践行物尽其用！

6.5.3.3　用餐后的垃圾分类

说完了餐前和餐中，现在再来一起看看我们能为餐后的垃圾分类做点什么。

在食堂中，我们一般可以看到几种不同的垃圾桶，用餐完毕后，我们应该按照收餐台的要求，将产生的垃圾进行分类投放，这样有助于食堂的叔叔阿姨对这些垃圾进行处理。

知识链接

大棒骨、玉米核属于什么垃圾？

现在扔垃圾是一门学问，一门很有意义的学问。肯定有很多人在垃圾分类面前犯了难，懒得分类或是不知道该怎么具体分类，心里悲呼：垃圾啊，你们到底是哪片儿的啊？

香喷喷、油滋滋的大骨棒、玉米核等因为“难腐蚀”被列入“其他垃圾”。但如果是肉碎骨，那还是属于易腐特质的厨余垃圾哦！

6.5.4 餐厅废弃物的好去处

6.5.4.1 厨余垃圾的就地化处理

伙伴们，你们知道图 6-48 中他在做什么吗？他可不是在玩土，他在做一件大事，那就是堆肥。堆肥是指将各类秸秆、落叶、青草、动植物残体等作为原料，按比例相互混合或与少量泥土混合进行好氧发酵腐熟。

图 6-48 校园厨余垃圾就地资源化

在学校中，我们可以收集树下的枯枝败叶，食堂中不太新鲜的、无法入菜的蔬菜叶、帮、根茎等，吃完水果后产生的果皮和果核以及其他可以用来堆肥的原料，由专人进行统一处理，在校内指定地点进行堆肥，见图 6-49。

图 6-49 厨余变沃土

有的学校面积很大，人员很多，每天的厨余垃圾产量会很多，制作环保酵素、堆肥等技术会受限制，那么针对大量的厨余垃圾，怎么在学校内部形成循环处理体系呢？随着科学技术的不断提高与完善，厨余垃圾已实现就地化处理！见图 6-50 和图 6-51。那么原理是什么呢？我们来了解一下吧：

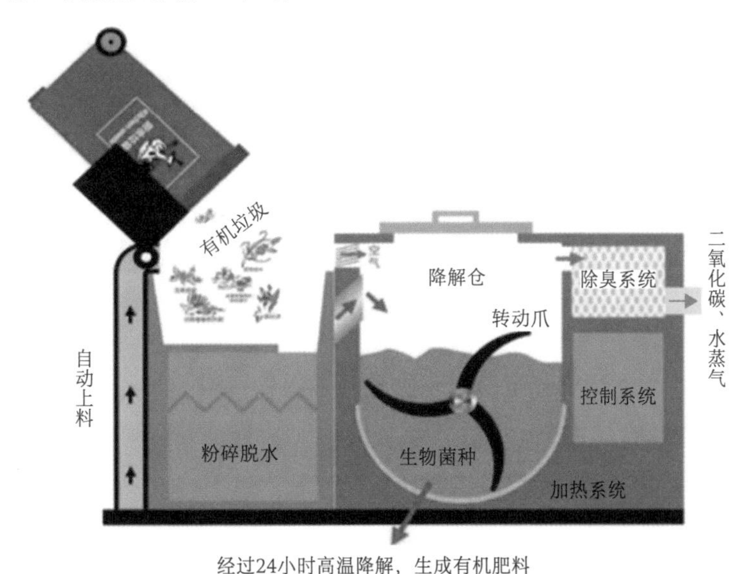

图 6-50 厨余垃圾资源化的原理示意

图 6-51　厨余垃圾资源化实操过程

①将厨余垃圾进行沥水，分拣剔除厨余垃圾内的无机物杂物。

②固液分离：经分拣后的厨余垃圾经压滤脱除其中大量的油水组分，固体成分进入粉碎机进行粉碎。

③液体的油水分离：上述步骤②得到的液体通过油水分离器进行油水分离。

④将粉碎后的厨余垃圾与生物活性炭均匀混合，得到混合物料，将混合物料的湿度调节到 55% ~ 65%。

⑤将混合物料放入生物降解装置，其内的生物对混合物料进行采食。

⑥收集生物降解生成物。

除此之外，我们还可以在学校里建立一个小型水循环系统，利用生活废水产生再生水。生活废水中的污染物主要有 COD（化学需氧量）、TP（总磷）、洗涤剂等，污染程度相对较低，处理难度与成本偏低，适合在校园中收集并处理成再生水。再生水是指废水处理后获得的洁净水，其水质优于废水，低于自来水。

通过这些方法，校园内部就形成了一个良性的可循环系统。堆肥产生的肥料可以用来滋养校园中的绿植，为校园增添更多绿色。而再生水可用于校园绿化用水、校园厕所用水、校园道路与建筑冲洗用水等。“垃圾是放错了位置的资源”，伙伴们，现在你们是不是对这句话有了更好的理解呢？我们可以开动脑筋把废弃物利用起来，让它们在其他地方发光发热，对于此你们还有什么好点子呢？一起讨论下吧！

6.5.4.2　每天的酸奶盒牛奶盒去哪里了？

在魔法食堂中，我们经常有加餐，加餐一般为酸奶或者牛奶。那么产生的垃圾都去哪里了呢？让我们一起看看吧！

典型案例

利乐包的回收再利用

利乐无菌包装是一种由纸、铝箔和聚乙烯塑料复合而成的材料，该包装共有6层，可有效阻挡所有影响牛奶和饮料变质的因素“入侵”。

2009年6月5日世界环境日之际，上海世博会事务协调局联合利乐公司和《新民晚报》发起了“绿色世博‘椅’我为荣”牛奶饮料纸包装社区回收大行动，以“为世博奉献环保长椅”为目标，动员广大市民将饮用后的牛奶饮料纸包装压扁回收，并让这些回收包装发挥“余热”，为世博服务。

回收来的牛奶饮料纸包装经过清洗、粉碎、热压等几个步骤，即可加工成经久耐用、防水防潮的彩乐板板材。制作一条长1.2米、宽0.4米的世博环保长椅，只需要856个250毫升大小的牛奶饮料纸包装。该活动最终一共制成了1000条广场座椅，是72万多上海市民齐力构建低碳世博的见证之一，见图6-52。

图 6-52

牛奶饮料纸包装的华丽变身

6.5.4.3 产生的饮料瓶去哪里了？

说完了加餐，再说说那些用来盛放饮料的塑料瓶，它们最终的归宿是哪里呢？让我们一起看看吧！见图6-53。

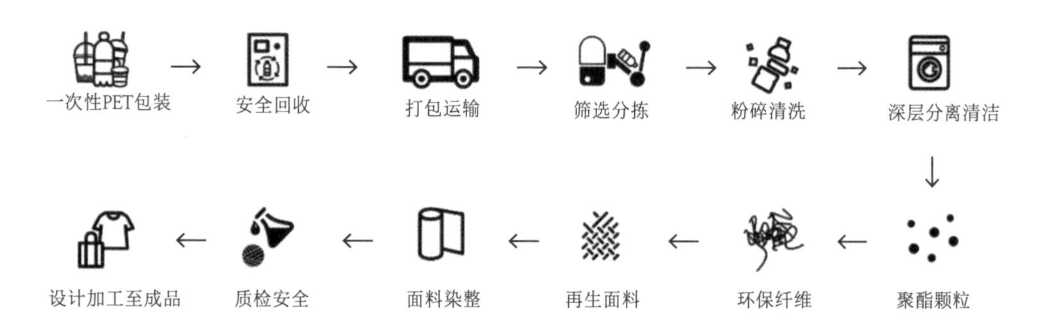

图 6-53 塑料瓶的循环再利用流程

典型案例

盈创公司对塑料瓶的回收再利用

在回收塑料瓶后，工作人员会对它们进行初步分拣，挑出被严重污染的瓶子。随后，合格的瓶子会被压缩成瓶砖，送到再生工厂。在工厂，这些瓶砖会根据颜色被再次分拣。由于材质不同，标签、瓶盖、瓶身会分开处理。不能再生的标签会被集中处理；瓶盖经过处理加工后，会被做成提手、地垫等；瓶身会被粉碎为瓶片，然后被熔融、造粒成为米粒大小、具有同样规格的再生聚酯切片。该公司的切片是食品级的，可以用来做成新瓶子；或拉丝织布，做成自有品牌的衣服、布袋等。具体而言，大约 8 个瓶子能制成一件 T 恤，相当于种了 0.16 棵树；14 个瓶子能制成一个布袋，相当于节约 0.41 千克石油，见图 6-54。

图 6-54　时尚的塑料瓶循环再利用制品

6.5.4.4　可以循环使用的餐具

我们在食堂中就餐的时候，通常会用到什么餐具呢？相信小伙伴们对它们已经很熟悉了，它们就是餐盘、筷子、勺子和碗。除了这些，水杯也是平时就餐中我们经常使用到的物品。

我们为什么要使用可以重复使用的物品，而不选择一次性用品和水杯呢？让我们以一次性筷子为例，了解一下它可能会对我们产生的危害。

首先，使用一次性筷子会对我们的身体产生危害。一次性筷子在加工过程中均采用二氧化硫熏蒸的方式漂白，这种方式会导致残留的二氧化硫和其他物质结合成为亚硫酸盐，可能引发哮喘。同时商家可能会为了防潮、防虫添加药品。除此之外，一次性筷子的细菌含量等卫生指标也很难达标，存在很大的卫生隐患。

其次，使用一次性筷子会对环境产生很大危害。生产一次性筷子需要砍伐树木获取原料，这种行为导致了对现有森林资源的毁灭性采伐。由于后续植树工作乏力，原本是可再生的森林资源就变成了一次性资源，这对我国的林业资源是极大的浪费！

图 6-55 拒绝一次性塑料餐具

现在，伙伴们对使用一次性用品的危害有了一些了解，相信大家在未来的生活中一定可以做到拒绝一次性用品，面对一次性用品带给我们的便利勇敢地说“不”，见图 6-55。

6.5.4.5 没有纸巾的餐厅

在就餐过程中，还有一样东西是很多伙伴离不开的——纸巾。我们会用它来擦手、擦嘴等，虽然我们每次的用量不多，但是如果每个人都使用，数量还是很庞大的。你们知道吗，纸巾的原料是原生木浆，它是由植物直接做成的，主要原料包括芦苇、甘蔗渣和植物纤维等，所以纸巾的使用也会对环境造成影响哦！

那么，我们应该如何减少纸巾的使用呢？可能有的伙伴已经猜到了，它就是使用出门“五宝”中的一宝——手帕。手帕是棉制的方形织物，美观大方，吸油吸汗，更卫生，没有纸巾漂白问题的困扰，洗涤后不会明显变形。它可以用来擦汗、擦嘴、擦手，是纸巾替代物的不二选择。小伙伴们不妨试试，下次就餐时用手帕代替纸巾，一起减少垃圾的产生，共同保护我们的环境，见图 6-56。

图 6-56
手帕——一次性纸巾的替代品

通过前面的学习，伙伴们已经了解了魔法食堂的神秘之处，它可以最大限度地减少垃圾的产生，让我们一起为魔法食堂的建设作出自己的贡献吧！

“无废小达人”成长记

6.5.5 我是“光盘”践行者

平时我们在校外餐厅中用餐时，都有过光盘行动的经历：很多餐厅提供“半份菜”“小份菜”“免费打包”等服务，鼓励大家把没吃完的剩菜打包带走。但是在学校食堂中怎么光盘呢？对于我们而言，最方便、快捷的光盘方式就是把食物都吃光！为了更好地助力食堂的光盘行动，小伙伴们需要成为光盘

图 6-57　光盘行动海报示例

践行者，下面让我们看看大家都有哪些任务吧！

任务一　设计海报宣传节约粮食，倡导光盘

“民以食为天，盘以光为廉”“勤俭节约正能量，铺张浪费负增长”。相信很多小伙伴都曾经看过这些标语，也曾看到过饭店中张贴的海报。现在请小伙伴们开动脑筋，利用你们所学知识，设计一张用于张贴在学校食堂内的宣传海报（参考图 6-57），呼吁其他小伙伴一起光盘。

任务二　光盘行动打卡

除了做宣传外，我们也要身体力行，切实参与到光盘行动中来。接下来小伙伴们会以班级为单位，共同参与光盘行动打卡，每天有专人负责记录光盘情况（轮流），并以周和月为单位，对表现好的小伙伴进行表彰，大家一定要积极参与哦！光盘评分表和打卡表可参考表 6-7 和表 6-8。

表 6-7　光盘评分表

等级	很好	一般	很差
得分	1	0	−1
示例			

表 6-8　光盘行动打卡表　　班级：× 年级 × 班

姓名 / 得分 / 日期	1	2	3	……

6.5.6 我是小小清洁工——食堂可回收物的清洁

通过前面的学习相信小伙伴们已经知道清洁对于回收的重要性，接下来小伙伴们需要承担起责任，成为食堂的小小清洁工，对自己产生的垃圾负责。下面让我们一起来看看，大家都有哪些任务吧!

任务一 记录食堂的可回收物

小伙伴们，你们有观察过学校食堂中有哪些可回收物吗？请大家分成小组，记录一周中食堂产生的可回收物种类和数量（表6-9），并通过观察或者询问食堂工作人员的方式记录它们是否干净以及它们的去向。

表6-9 食堂可回收物记录表

名称	种类	数量	是否干净	去向
塑料瓶				
酸奶盒				
……				

小组成员：

任务二 清理可回收物我先行

生活中小伙伴们很少会主动清理可回收物，所以接下来，小伙伴们需要回收自己在食堂就餐中产生的可回收物，并对它们进行清理和晾干，再以班级为单位对这些可回收物进行分类、整理并汇总数量（参考表6-10），之后由学校进行统一回收。

表6-10 清理可回收物汇总表　　班级：×年级×班

名称	种类	数量
塑料瓶		
酸奶盒		
……		

7 “无废城市”的无废吃“神”

7.1 瓜皮果壳的神秘变身

知识宝藏我来挖

伙伴们，看到这个题目你一定很好奇吧，平时我们吃剩的西瓜皮、苹果核、鸡蛋壳（图 7-1）等，这些瓜皮果壳能变成什么呢？它们不都是垃圾吗？

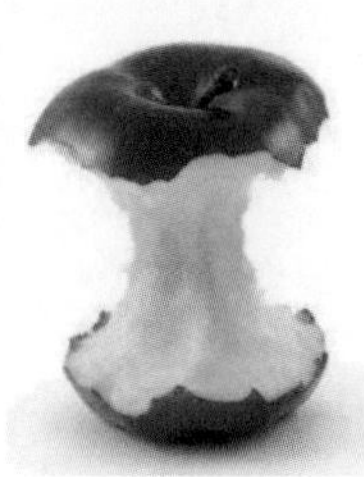

图 7-1　生活中的厨余垃圾

的确，你说的没错，它们都是垃圾，它们都属于厨余垃圾。随着社会的进步、科技的发展以及人们环保低碳意识的提升，越来越多的厨余垃圾完成了华丽变身，变废为宝。让我们一起来见识一下吧！

首先，我们先来了解一下厨余垃圾的相关知识，厨余垃圾都有些什么呢？

7.1.1 什么是厨余垃圾？

厨余垃圾是指居民日常生活及食品加工、饮食服务、单位供餐等活动中产生的垃圾，包括丢弃不用的菜叶、剩菜、剩饭、果皮、蛋壳、茶渣、骨头等，其主要来源为家庭厨房、餐厅、饭店、食堂、市场及其他与食品加工有关的行业。

图7-2告诉了我们都有哪些属于厨余垃圾。伙伴们，你们还能说出哪些垃圾属于厨余垃圾吗？厨余垃圾你会分类了吗？

图7-2 厨余垃圾分类示意

7.1.2 厨余垃圾该如何投放？

了解了厨余垃圾都有哪些，伙伴们，你们会投放厨余垃圾吗？看看这张宣传画（图7-3），你能发现什么问题吗？

对啦，问题出在垃圾袋上。常用的塑料袋，即使是可以降解的，也远比厨余垃圾更难腐化。因此正确做法应该是将厨余垃圾倒入厨余垃圾桶，塑料袋则另扔进其他垃圾桶。你们真是太棒了！

图7-3 厨余垃圾的投放

知识链接

厨余垃圾投放小贴士

- 投放前沥干水分。
- 不混入塑料袋、保鲜膜等食品外包装。
- 投入带有厨余垃圾标识的绿色垃圾桶中。
- 牛奶等流质食物垃圾直接倒进下水道即可。

说到厨余垃圾，伙伴们第一反应是不是又脏又臭，还经常流着汤儿？特别是夏天，十分容易招苍蝇和蚊子，绝对是个细菌滋生地。其实这是因为厨余垃圾一般都富含大量的水分、盐和油脂，因此相对于其他类型的垃圾，特别容易发酵、腐败，会产生难闻的味道，给我们的日常生活带来不良影响。那我们能不能让这些脏脏的、臭臭的厨余垃圾变废为宝呢？

7.1.3 厨余垃圾的大变身

哇，图 7-4 中这些花开得好鲜艳啊！你知道吗？它们是用了一种特别的土壤——厨余垃圾加工而成的生物有机肥种植的。

图 7-4 漂亮的鲜花

没想到吧，肥料竟然是用垃圾做的！那么瓜皮果壳们是如何华丽变身为有机肥料的呢？

下面我们可以来了解一下珠海市香洲区厨余垃圾的变身历程，见图 7-5。

变废为宝第一步	·厨余垃圾定时定点精准投放。
变废为宝第二步	·专车专运抵达处理站。
变废为宝第三步	·资格检查。像骨头、果壳的等难以分解的厨余垃圾都要一一挑出，地沟油和污水更是要严格拒之门外。
变废为宝第四步	·进入发酵仓前，需要来一套“瘦身运动”，脱水粉碎，减容减量。
变废为宝第五步	·发酵仓中，与微生物菌种足足睡上48小时，进行高温发酵。

图 7-5　珠海市香洲区厨余垃圾的变身历程

伙伴们你们知道吗？1吨厨余垃圾经过这样的变身后可以制成数百千克有机肥料，是不是很神奇？厨余垃圾经过大变身后，原来还这么有用处呢！其实厨余垃圾除了能变成肥料，还有很多其他的“变身大法”，我们快一起看看吧！

7.1.3.1 “瞬间消失大法”——粉碎直排法

由于厨房空间有限，因此就地减量处理是厨余垃圾处理的基本立足点。目前很多国家都采用了在厨房配置厨余垃圾处理装置（图 7-6），将粉碎后的厨余垃圾排入市政下水管网，与水混合后排放到城市污水处理系统进行无害化处理，从而达到无害化的目的。但该方法往往会在城市下水道中滋生病菌、蚊蝇和导致疾病传播，同时可能造成排水管道堵塞，降低城市下水道的排水能力，加重了城市污水处理系统的负荷，因此在我们国家还在规划和尝试中。

图 7-6　家用厨房厨余垃圾处理器

7.1.3.2 “地下隐身大法”——填埋法

我国很多地区的厨余垃圾都是与普通垃圾一起送入填埋场进行填埋处理的，见图 7-7。填埋是大多数国家生活垃圾无害化处理的主要方式。由于厨余垃圾中含有大量的可降解组分，稳定时间短，有利于垃圾填埋场地的恢复使用，且操作简便，因此应用得比较普遍。但随着对厨余垃圾可利用性的认识越来越广泛，无论欧美、日本还是中国，厨余垃圾的填埋率都正在呈现下降的趋势，甚至有很多国家已禁止厨余垃圾进入填埋场处理了。

图 7-7　垃圾填埋场

7.1.3.3 “化身美食大法”——饲料化处理

厨余垃圾的饲料化处理原理是利用厨余垃圾中含有大量有机物，通过对其粉碎、脱水、发酵、软硬分离后，将垃圾转变成高热量的动物饲料，变废为宝。

7.1.3.4 “吸星大法”——能源化处理

厨余垃圾的能源化处理（图 7-8）是在近几年迅速兴起的，主要包括焚烧法、热分解法、发酵制沼气法等。在厌氧发酵过程中，可收集沼气作为清洁能源，用于发电和集中供热。

图 7-8　存放厨余垃圾通过厌氧发酵产生沼气的气罐

7.1.3.5　“虫虫大法”——黑水牤繁殖无害化处理法

随着国家和公众对于环境的要求和资源的需求越来越高，人与自然环境和谐共存的呼声日趋高涨，技术的发展也到了新的高度，近几年越来越多的利用生物转化技术来处理厨余垃圾的方法应运而生，不仅能实现厨余垃圾的资源再利用，也能让厨余垃圾对环境实现无害化，其中尤以黑水虻处理厨余垃圾为代表。

图 7-9 这些小肉虫就是黑水虻的幼虫，别看它们小小的不起眼，它们吃进去的是厨余，排出来可是肥料呢。首先去除厨余垃圾里的固体杂质，再进行粉碎、切割，变成一个个小颗粒，最后加入菌种、干燥剂，进行菌落和湿度的调解，就变成了黑水虻幼虫的饲料。黑水牤吃掉这些饲料，排出的粪便经过堆肥，便可以制成有机肥料。例如 100 千克的“厨余垃圾”，其中 15 千克是脱去的水分，70 千克是黑水虻幼虫的食物被全部吃掉，而排出的 15 千克黑水虻粪便，

图 7-9　黑水虻幼虫

就是有机肥原料，经过堆肥后，就可直接使用。据统计，100克、约4万~5万只黑水虻幼虫，在7~10天，就可以无害化处理1吨的厨余垃圾。此外黑水虻体内的蛋白质和脂肪酸的含量十分高，是很好的饲料原料，而将黑水虻幼虫烘干后，也可提取昆虫蛋白、昆虫油脂，真可谓是个宝藏小虫。

上面我们学习了很多关于厨余垃圾变废为宝的知识，你都学会了吗？

小试牛刀：试试看下面这些小问题你能回答对吗？

请选择是或者否：

1. 厨余垃圾装袋后扔进厨余垃圾桶。

◎是　　◎否

2. 花生壳属于其他垃圾。

◎是　　◎否

3. 尘土属于厨余垃圾。

◎是　　◎否

4. 没喝完的饮料瓶，投入可回收物垃圾桶。

◎是　　◎否

5. 厨余垃圾太脏太臭啦，没有什么功用。

◎是　　◎否

解析：

1. 常用的塑料袋，即使是可以降解的，也远比厨余垃圾更难腐化。因此正确做法应该是将厨余垃圾倒入厨余垃圾桶，塑料袋则另扔进其他垃圾桶。

2. 花生壳属于厨余垃圾，但一些较坚硬特别不易粉碎的果壳或大骨头则属于其他垃圾。

3. 在垃圾分类中，尘土属于其他垃圾，但残枝落叶属于厨余垃圾，包括同学们家里开败的鲜花等。

4. 塑料饮料瓶里剩下的液体，应先将液体直接倒进下水口，再将塑料饮料瓶冲洗干净后压扁，投放到可回收物垃圾桶中。

5. 别看厨余垃圾又脏又臭，经过加工转换可以大有作为呢！常见的处理厨余垃圾的方法有：粉碎直排法、填埋法、肥料化处理、饲料化处理、能源化处理以及微生物无害化处理。

通过前面的学习，伙伴们了解了厨余垃圾的分类以及常用的处理方法。那么在自己家里，我们能不能让自家的厨余垃圾变废为宝呢？下面我们就来动手尝试一下吧！

7.1.4 厨余垃圾变身记之自己动手制作环保酵素

环保酵素，是酵素的一种，是对混合了糖和水的厨余垃圾经厌氧发酵后产生的棕色液体。发酵好的酵素用途很多，可以洗碗、洗衣服，还可作为天然清洁剂、空气净化剂、洗衣剂、汽车保养剂、衣物柔软剂、有机肥料等。有这么多的用途，而且制作过程还很简单，原料就是我们的厨余垃圾。伙伴们，赶快来试试吧！

※ 原料：塑料容器瓶、红糖、厨余垃圾（蔬菜叶、水果皮等）

※ 方法：

制作环保酵素的比率是 3 ∶ 1 ∶ 10，也就是 3 份垃圾、1 份糖、10 份水。比如：300 克厨余垃圾、100 克红糖、1000 克水。

将有盖子的塑胶容器装六成的自来水，将糖倒入水中，轻轻搅匀融化。将蔬果厨余放进糖水中，轻轻搅匀。务必使所有蔬果厨余都浸于水中。将塑胶瓶盖旋紧，并于瓶身注明日期。置于阴凉、通风之处。（容器内留一些空间，以防止酵素发酵时溢出容器外）制作过程中的第一个月会有气体产生，每天将瓶盖旋松一次，并立刻关紧，释出因发酵而膨胀的气体就好。一个月之后一般就不会再有膨胀的气体，继续静置至三个月期满即可。

步骤简单吧，你学会了吗？把你制作的过程记录下来吧！参考表 7-1。

※ 制作注意事项：

①避免选用玻璃或金属等无法膨胀的容器；

②可将酵素原料（如：菜渣、果皮）切片，切得越小，越有助于分解；

③酵素原料避免使用鱼、肉或油腻的厨余；

④如果希望制作出来的酵素有清香的气味，可加入橘子皮、柠檬皮等有香味的蔬菜果皮；

⑤装酵素的容器需保有 20% 的发酵空间；

⑥若一时无法收集足够分量的鲜垃圾，可陆续加入鲜垃圾，3 个月的期限由最后一次加入当天算起；

⑦在容器上标示制作日期，酵素原料分解和发酵历时3个月，请耐心让整个过程完整进行；

⑧环保酵素应该放置于空气流通、阴凉处，避免阳光直接照射。切勿放置于冰箱内，低温会降低酵素的活性。

表 7-1　环保酵素制作记录单

<table>
<tr><th>制作日期:</th><th>制作人:</th></tr>
<tr><td colspan="2">所用原料:
厨余垃圾:
（例：橘子皮50克，西瓜皮200克，火龙果皮50克）
红糖（克）:
水（克）:</td></tr>
<tr><td colspan="2">过程记录（可以拍照，图文记录）</td></tr>
</table>

7.1.5　厨余垃圾变身记之堆肥小能手

首先，我们来了解一下波卡西堆肥法。

波卡西堆肥法是日本琉球大学比嘉照夫教授研究开发的，它从一个日语单词BOKASHI而来，意思为“发酵的有机物”。波卡西堆肥是将EM活菌制剂混合到被发酵物里，一同存放进密封的发酵容器，通过间歇性缺氧发酵来分解被发酵物质的一种堆肥方法。这里所用到的EM活菌制剂，是一种类似蒸馒头用的酵母粉。由米糠、鱼粉等有机物制作而成，有效抑制有害微生物，促进发酵生长，在市场上就能买到。

※ 前期准备：准备好EM菌和堆肥桶。

堆肥桶我们可以在市场上买到，类似图7-10的样子，注意下方一定要有龙头可以在堆肥的过程中排出液体。当然我们也可以用塑料桶自制堆肥桶。

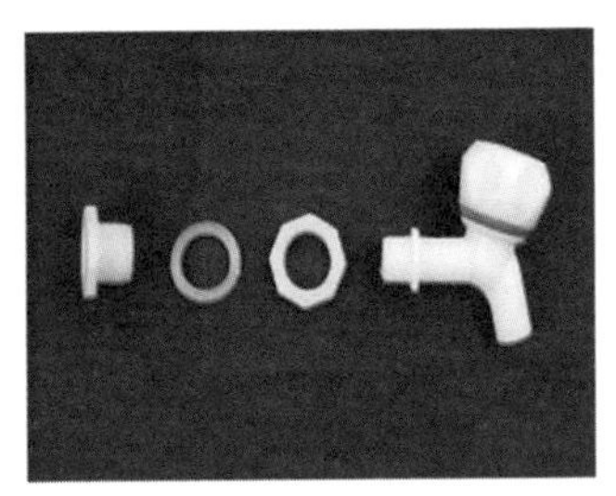
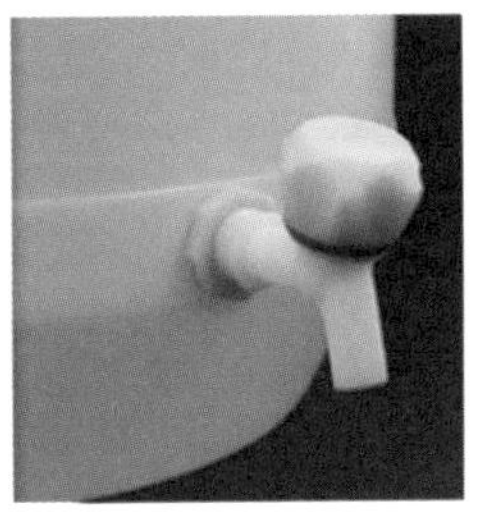

图7-10　堆肥桶

※ 步骤解析：

步骤一，在桶的底部放一张旧报纸，见图7-11，以免细碎物堵塞出水龙头。

步骤二，将厨余切碎后，倒入堆肥桶，见图7-12。

步骤三，三明治堆肥方法见图7-13，一层EM发酵糠，一层厨余垃圾，重复性的一层叠一层，一直到桶子装满。每添加10厘米左右厚的一层厨余，就撒上一层发酵糠。用量以覆盖厨余表面75%以上为佳，然后压紧继续覆盖。（注：如厨余中水分较多，可多用些发酵糠。注意不要装得太满，以确保盖子可以盖严。）

步骤四，密封发酵，到堆肥桶完全装满后，就把盖子盖紧进行密封发酵。

步骤五，停止添加厨余后第7天，开始取液肥，1～2天排一次液肥，否则影响继续发酵的效果，收集到的发酵液呈透明淡茶色。若液体浑浊，应开盖增加发酵糠的用量，见图7-14。液肥可作为园艺盆栽的营养液，也可作为天然居家清洁剂。用做植物营养液时，将液肥稀释500倍喷洒，可以帮助植物健康生长。

步骤六，10～15天后，桶内厨余长满白色或偏红色菌丝，说明发酵菌生长旺盛，见图7-15。再过5～7天后，菌丝明显老化、褪去，见图7-16。这时，桶内厨余变成完熟厨余，可直接作为固肥使用，或是再制成天然营养的腐质土喔！作为固肥使用要注意与植物根系保留一定距离，将固肥埋于植栽附近，可提供植物养分，帮助植物健康生长。也可将其和培养土按照约1∶2的比例混合，充分搅拌后放入深色塑料袋绑紧，静置1个月后，即制成腐质土，种花种菜效果更佳。

到此，大功告成！伙伴们，按照上述步骤，准备好堆肥桶，和爸爸妈妈

图 7-11
底部放置了废报纸的堆肥桶

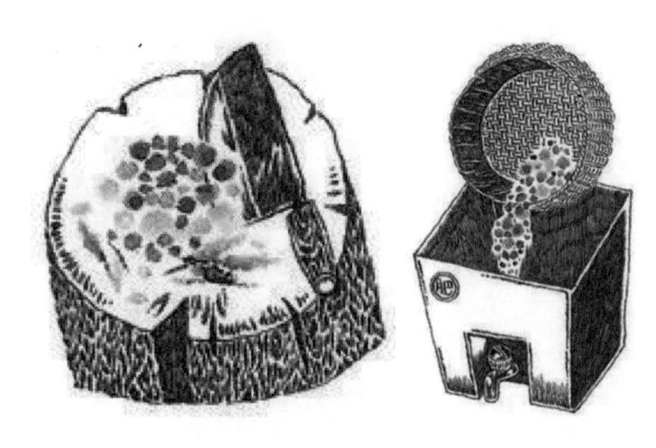

图 7-12　将厨余切碎后，倒入堆肥桶

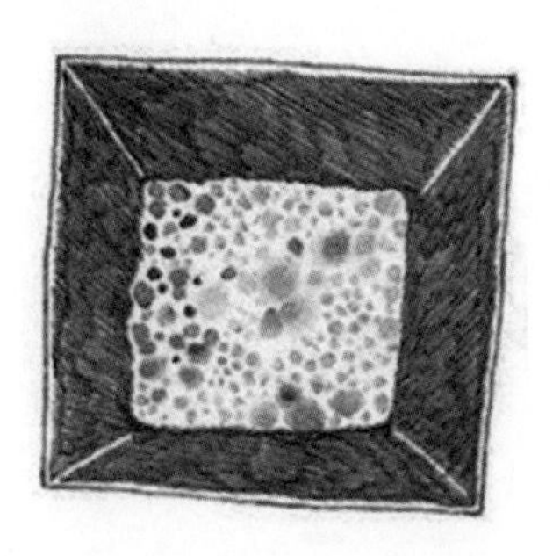

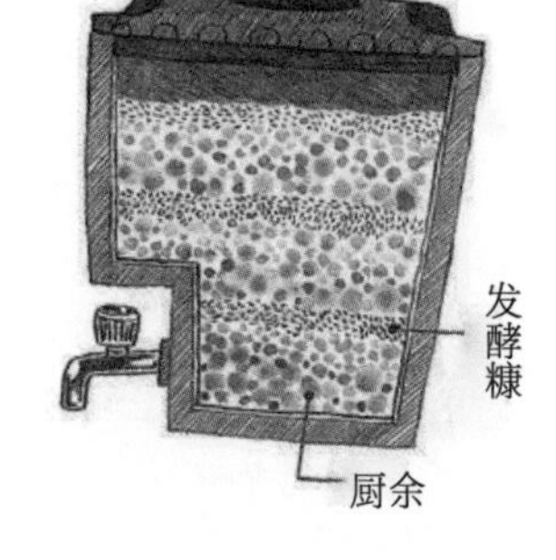

图 7-13　三明治堆肥法

图 7-14　取液肥

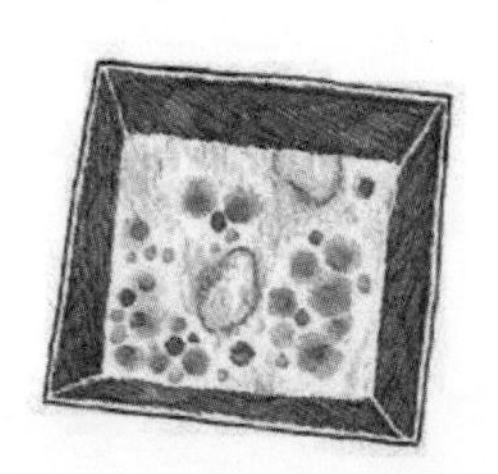

图 7-15　长满菌丝的厨余

图 7-16　菌丝明显老化、褪去

一起尝试起来吧，学做一个堆肥小能手。

你们的尝试有没有成功呢？在这个过程中你收获了什么呢？尝试着写一个实验报告记录下整个过程吧，实验过程中记得留存照片和实验数据哟！实验报告一般包含以下内容，可以参考完善。

实验名称：厨余垃圾堆肥实验

实验器材：

实验时间：

实验人员：

实验原理：波卡西堆肥法

实验过程及步骤（把实验过程中记录的照片和数据加进来会更有说服力）：

第一步：

第二步：

……

实验结果：

实验收获与反思：

7.2 神秘的蚯蚓塔

知识宝藏我来挖

蚯蚓塔，这是什么东西？相信大多数伙伴们都没见过吧，难道是把一坨坨的蚯蚓堆成“塔”吗？

图 7-17　蚯蚓在地下生活的示意图

答案当然不是。在了解蚯蚓塔之前，我们先来聊聊蚯蚓这种有趣的小虫子吧。伙伴们都见过蚯蚓吧？在雨后，我们经常可以在泥土中看到蚯蚓的踪迹。

7.2.1 蚯蚓

蚯蚓（图 7-17）俗称地龙，是常见的一种陆生环节动物，生活在土壤中，昼伏夜出，以畜禽粪便和有机废弃物为食，连同泥土一同吞入，也摄食植物的茎叶等。蚯蚓能利用自身丰富的酶系统将有机废弃物迅速彻底分解，形成优质的蚯蚓粪和消化液滋养土壤和植物。它们很擅长钻洞，能让土壤变得松软。

有时我们的种植园在使用过一段时间之后会出现土壤板结，肥力不够，植物生长不良的现象，遇到这种现象我们会习惯性地想到用化肥来提高土壤肥力，但长期使用化肥会造成环境污染。有没有一个可持续且低成本的方法来改良我们种植园的土壤呢？方法其实很简单，就是利用蚯蚓。各小区中很多人家都养了宠物，那些小猫小狗的便便有没有更好的处理办法呢？答案也是可以利用蚯蚓。可别小看这些其貌不扬的生活在土里的小虫子，它们通过取食、消化、排泄、分泌黏液和掘穴等一系列活动对土壤的物质循环和能量传递作着贡献，它们可是生态系统的小小工程师！

7.2.2 神秘的蚯蚓塔

说了半天蚯蚓，伙伴们一定想知道蚯蚓塔到底长啥样，它又是做什么的呢？好啦，不卖关子了。我们来看看图 7-18，蚯蚓塔原来长成这样！

左图是上海某小区的蚯蚓塔。宠物粪便处理一直是社区治理难题，小区的居民们想出了一个好办法，那就是在小区内摆放蚯蚓塔：它不仅能“吃”宠物的便便，还能产出有机肥料，直接供给周边的植物做养分，从而形成一条有机循环链。

图 7-18　蚯蚓塔

右图是北京某小区的蚯蚓塔，用于简易处理无刺激性气味的厨余垃圾和宠物粪便。居民只需在开口处投入切碎的、无刺激气味的厨余垃圾或者宠物粪便，蚯蚓就可以分解掉它们，转化为机肥，可作为小区绿植的肥料。

通过上面的介绍，相信伙伴们都了解了蚯蚓塔堆肥的目的，那就是通过蚯蚓的活动疏松土壤，防止土壤板结；同时，蚯蚓还能将厨余、剩余食材、宠物便便等转化为优质堆肥，有助于让土壤变得更加肥沃。

蚯蚓塔的制作方法也非常简单，下面我们就一起来学习下蚯蚓塔的原理及制作方法吧！

7.2.3 蚯蚓塔的制作方法

制作蚯蚓塔所需的材料很简单：

①直径15厘米左右的塑料管，长度1米左右。注意不要用透明的管道哟，蚯蚓非常害怕紫外线，长时间的阳光照射会造成它的死亡。

②铲子和电钻。

③适当的蚯蚓。蚯蚓的种类很多，但可以加工大量有机物质的是红蚯蚓，市场上很容易买到。当然也可以不准备蚯蚓，当塔内有食物且环境适合时，蚯蚓会凭借敏锐的嗅觉从方圆几里之外赶来，加蚯蚓只是在加快食物分解的过程。

④任何类型的蚯蚓食物，如烂菜叶、水果皮、树叶、杂草、动物的便便等。

⑤寻找周边最易获得的材料作为蚯蚓塔的顶。

制作的具体步骤见图7-19。

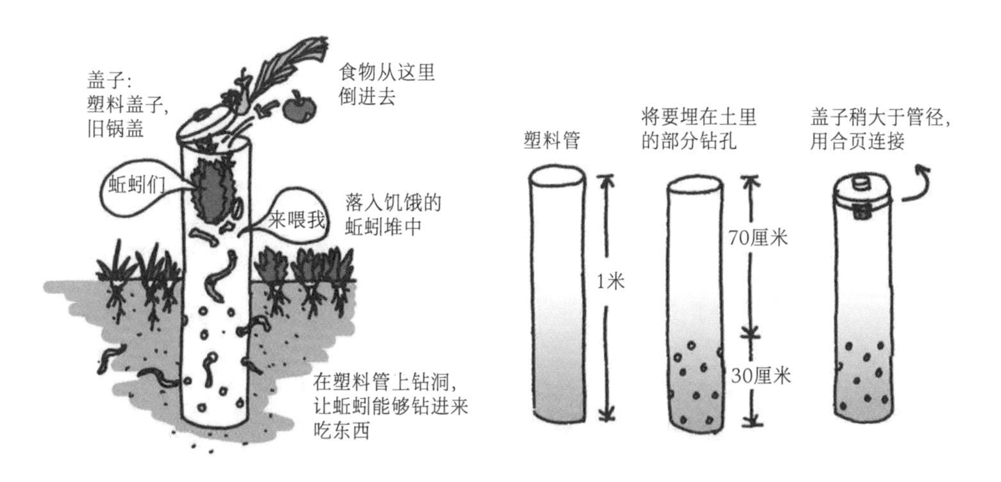

图7-19　蚯蚓塔原理及制作图

第一步：打孔。在我们准备好的塑料管的一端量出30厘米左右的长度并做标记，然后用电钻随机在这段上钻孔，孔的数量随意，孔径大小要确保蚯蚓能钻进去。这30厘米是要埋在土里的，钻孔是为了方便蚯蚓进出。

第二步：填埋。把塑料管竖直地埋在土里，将带孔的那半段全部埋进土里，把不带孔的部分露出地面。

第三步：加入蚯蚓。若想要加快分解速度，我们可以适当增加一些红蚯蚓进去。每隔几天，给蚯蚓喂些食，并投入一些潮湿的纸板或报纸，以保持塔内的湿润，这将有助于保持它们的繁殖能力，从而获得更多的蚯蚓。

第四步：投食。日常生活中的很多环节都会产生蚯蚓的食物，比如烂菜叶、果皮、残枝落叶、小动物的便便等都可以投放到蚯蚓塔中。但像葱或大蒜等有刺激性气味的植物，柑橘类的果皮，容易腐坏的肉、鱼、乳制品、油类等都不可以添加进去，这些会刺激蚯蚓或者对蚯蚓造成伤害。

图7-20　土壤对比图

第五步：最后一定记得要给蚯蚓塔带上“帽子”，盖住顶部，预防雨水。

图7-20中右边是原始的土壤，板结并且没有什么养分，左边是经过蚯蚓塔改良过的土壤，看来真是大有成效呢！

“无废小达人”成长记

7.2.4　“垃圾减量有妙招，小小蚯蚓解难题”主题活动

通过前面的学习，伙伴们看到了小小的蚯蚓竟有这么大的功效，也看到了很多小区都开始利用蚯蚓塔来减量垃圾、改善土壤。作为小区的一份子，叫上爸爸妈妈，我们也尝试着把蚯蚓塔在自己的社区进行推广吧！

首先，你需要和小区物业以及社区的工作人员取得联系，告诉他们你的计划，争取得到他们的支持。这个任务可以在爸爸妈妈的带领下完成。

你也可以发动和你住在一个小区中的小玩伴儿们，让他们加入你的计划中。

接下来就是制作蚯蚓塔了，按照前面讲解的制作方法准备材料，打孔可以请爸爸帮忙，而美化蚯蚓塔就要看你大显身手了。可以参考图7-21。

图 7-21　各式各样的蚯蚓塔

你可以邀请小伙伴们一起来涂鸦，发挥你们的想象力和创造力，打造出属于你们自己的独一无二的蚯蚓塔。还可以留白几个蚯蚓塔，等活动当天时请小区中的其他小朋友来一起布置。

你们还可以事先绘制一些介绍蚯蚓塔的宣传单和宣传海报，用于活动时发放给小区的居民们。比如像下面图 7-22 所示的这些。

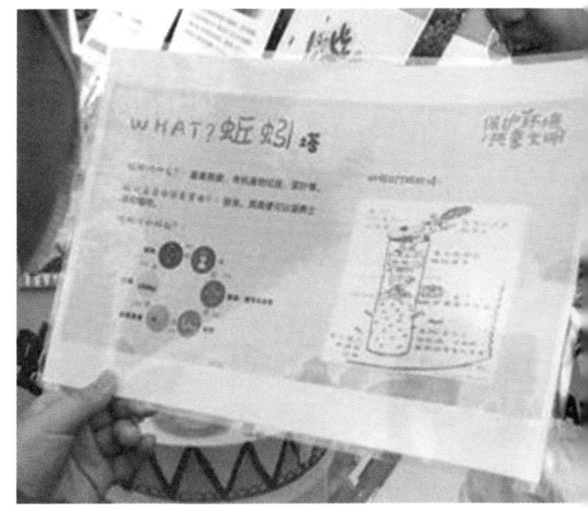

图 7-22　宣传单和宣传海报

所有准备工作都做好后，就可以和社区、物业确定个周末的时间，开展“垃圾减量有妙招，小小蚯蚓解难题”主题活动啦！这时，你们可以把提前制作好的宣传材料发放给前来观看的爷爷奶奶、叔叔阿姨们，把蚯蚓塔请叔叔阿姨们协助安装到各个事先选定好的合适位置并做好标识，发动小区的大朋友、小朋友们一起来美化蚯蚓塔，一起来给小蚯蚓投放“美食”……

相信这次活动一定会给你留下美好、深刻的记忆。别忘了把整个活动的过程以及心得感受记录下来，分享给更多的人，把垃圾变废为宝、无废生活的理念传递给更多的人。

7.3 神奇的无废小菜园

知识宝藏我来挖

7.3.1 创意无废小菜园

说到小菜园，相信很多伙伴都见过，但无废小菜园你们听说过吗？火车菜园、墙上农场、瓶子菜园……这些名字是不是听上去都觉得很新奇，赶快让我们一起来看看吧！

7.3.1.1 火车菜园

图 7-23 上海宝山区的“火车菜园”

图 7-23 所示为上海市宝山区的“火车菜园”。这里本来是废弃的火车道和荒地，丢弃了很多建筑垃圾。同济大学的景观设计学者刘悦来和他的团队在这里用三个集装箱改成了自然学校的教室，他们进行了初步的规划，规定了任何人都可以免费申请使用这片地方，但要自己干活，周边的居民在这种呼吁中，开始开垦这片荒地。原始的土壤条件是非常糟糕的，他们就请了老师来教怎么培土。除了土壤和土地，他们还在旁边做了一个雨水收集系统用于灌溉。花啊，树啊，农作物啊都在这片荒地中生长，时间久了，这个菜园里还引来了小鸟，雨水收集的区域还有了小龙虾，变成了野趣横生的自然乐园，一个稳定的生态系统在这里形成了。

7.3.1.2 墙上农场

图 7-24 所示为威海市某社区的“墙上农场”。在社区 200 米长的护栏上安装雨水管，雨水管上设立了 500 多个种植孔，社区居民可以自愿参与种植。浇菜用水是通过社区设置的雨水收集器收集的，肥料是社区居民用厨余垃圾自制的，没有任何污染。在这 200 米长的墙上农场里，分布着油菜、香菜、蒲公英、韭菜、小西红柿等时令蔬菜，美化环境的同时还“美化”了自己的餐桌，真是一举多得。

图 7-24
威海市某社区的“墙上农场”

7.3.1.3 瓶子菜园

喝完的饮料瓶、用完的油桶，伙伴们会怎么处理？估计很多人都是直接扔掉。在上海，很多小区都推广了这样的“瓶子菜园”（图 7-25）。瓶子菜园是一个变废为宝、绿色种植的平台，所有种植容器就是我们平日中的这些废旧水桶和油桶，里面放置营养土，立体种植各种有机蔬菜。小区居民们一起劳作，一起收获，体验生态种植的快乐。

图 7-25　瓶子菜园

无论哪种形式，这些无废小菜园都在传递着废物再利用理念，雨水回收装置以及我们前面学过的厨余垃圾堆肥、蚯蚓塔、树叶堆肥等都能在其中找到踪迹，小小菜园蕴含了大体系——资源的循环与利用。

7.3.2 资源的循环与利用

资源循环与利用可以节约和合理开发利用资源，减少污染物的产生和排放，创造新的物质财富，保护环境，实现经济效益、环境效益和社会效益的统一，因此受到许多国家包括我们国家的高度重视。2021 年 7 月，国家发改委发布了《“十四五”循环经济发展规划》，指出到 2025 年我国将基本建成资源循环利用体系。

知识链接

2025 年我国将基本建成资源循环利用体系

到 2025 年，我国资源循环型产业体系基本建立，覆盖全社会的资源循环利用体系基本建成，主要资源产出率比 2020 年提高约 20%，单位国内生产总值能源消耗、用水量比 2020 年分别降低 13.5%、16% 左右。

《“十四五”循环经济发展规划》明确，到 2025 年，我国资源利用效率大幅提高，再生资源对原生资源的替代比例进一步提高，循环经济对资源安全的支撑保障作用进一步凸显。农作物秸秆综合利用率保持在 86% 以上，大宗固体废弃物综合利用率达到 60%，建筑垃圾综合利用率达到 60%，废纸、废钢利用量分别达到 6000 万吨和 3.2 亿吨，再生有色金属产量达到 2000 万吨，资源循环利用产业产值达到 5 万亿元。

资源的循环与利用离不开我们每个人的努力，小到一个小小的菜园，大到整个城市、整个国家的建设，都需要我们遵从绿色、环保、可持续发展的理念。

除了这些社区的无废小菜园外，近几年来，越来越多的绿色生态农业基地应运而生，它们因地制宜地配置低碳循环、节水、节肥、污染防治的技术和设施，不仅是转变生产生活生态观念的课堂，还成了城里人向往的心灵家园。

7.3.3 生态农业

农业生产是在一个相互联系、关系密切的体系中进行的。常规农业生产往往只见“生产”，不见“生态”与“生活”，或者仅仅重视“高产、优质、高效”，忽视了“生态、安全”。为了应对这一问题，生态农业应运而生。2014 年，我国农业部在全国启动建设了 13 个现代生态农业示范基地，几年间逐步探索出了六大区域现代生态农业模式。

典型案例

湖北省峒山村现代生态农业示范基地

为解决南方水网地区农业面源污染问题，湖北省峒山村现代生态农业示范基地通过化肥减施、绿色防控、稻虾共作、林下养禽等关键技术，配套生态沟渠、湿地等工程，构建了“源头消减＋综合种养＋生态拦减”水体清洁型生态农业建设模式。利用“稻虾互利共生”复合种养生态系统（图7-26），实现水质改善、生态功能恢复和产品效益同步提高；“葡萄－草－鸡”立体种养（图7-27）可以有效控制病虫害发生，减少农药化肥使用，减少杂草96.8%；利用人工湿地水生植物对氮磷进行立体吸收和拦截作用。通过综合种养，化肥用量下降30%以上，农药用量下降70%以上。真是又环保，又健康！

图7-26
“稻虾互利共生”复合种养生态系统

图7-27
“葡萄-草-鸡”立体种养

典型案例

重庆市二圣镇集体村现代生态农业示范基地

针对西南丘陵地区水土流失、化肥农药过量问题，重庆市二圣镇集体村现代生态农业示范基地集成节水、节肥、节药技术，加强农业废弃物综合利用、农村清洁和生态涵养工程建设，构建了“生态田园＋生态家园＋生态涵养”的生态保育型生态农业建设模式。从坡顶到坡腰依次发展生态茶园（图7-28）、生态梨园、生态葡萄园及生态花园（见图7-29），配套灌溉管网、排水沟和缓冲塘，建立复合生态系统，采取水肥一体化、病虫害绿色防控技术，有效减少灌溉定额90%、化肥用量50%以上。通过依托山形山势建设生物拦截及沟塘坝系统，实现农田生态涵养。

图 7-28　生态茶园

图 7-29　生态花园

绿色生态农业带动了乡村经济发展，展现了人与自然和谐共生的田园牧歌式生态画卷。同时，也让更多人走进自然，更深切地理解生态环保的真谛。

7.3.4　绿色食品

说到生态农业，伙伴们肯定会联想到它的各种农产品，我们可以用哪些词来形容它呢？纯天然、无公害、纯绿色……那么，问题来了，生态农业的产品就一定是绿色食品吗？

答案是否定的。生态农业是一个原则性的模式而不是严格的标准。而绿色食品所具备的条件是有严格标准的，所以并不是生态农业产出的产品就是绿色食品，只有它达到了绿色食品的标准，才可以获得认证。

那什么是绿色食品呢？

绿色食品是我国对无污染、安全、优质食品的总称，是指产自优良生态环境，按照绿色食品标准生产，实行土地到餐桌全程质量控制，按照《绿色食品标志管理办法》规定的程序获得绿色食品标志使用权的安全、优质食用农产品及相关产品。

绿色食品标准分为两个技术等级，即AA级绿色食品标准和A级绿色食品标准。AA级绿色食品标准要求生产地的环境质量符合《绿色食品产地环境质量标准》，生产过程中不使用化学合成的农药、肥料、食品添加剂、饲料添加剂、兽药及有害于环境和人体健康的生产资料，而是通过使用有机肥、种植绿肥、作物轮作、生物或物理方法等技术，培肥土壤、控制病虫草害，保护或提高产品品质，从而保证产品质量符合绿色食品产品标准要求。A级绿色食品标准要求产地的环境量符合《绿色食品产地环境质量标准》，生产过程中严格按绿色食品生产资料使用准则和生产操作规程要求，限量使用限定的化学合成生产资料，并积极采用生物方法，保证产品质量符合绿色食品产品标准要求。

了解了这个知识，我们以后在买食品的时候就可以关注图 7-30 这两个绿色的小标志了。

绿底白标志为A级绿色食品

图 7-30　AA 级绿色食品标志和 A 级绿色食品标志

“无废小达人”成长记

7.3.5　自己动手，搭建一个属于自己的“一米菜园”

图 7-31　“一米菜园”

伙伴们，你们听说过“一米菜园”吗？它至今有 40 余年的历史，被全世界超过 100 多万园丁采用。它面积不大，收益却不低，产量是传统菜园的 5 倍，今天我们就尝试着来搭建一个属于自己的“一米菜园”，见图 7-31。

在动手之前，我们先来了解下“一米菜园”的由来。说到“一米菜园”就不得不说起他的创始人——美国的梅尔。40 多年前，梅尔还是一个土木工程师。在周末从事园艺时，他常常在思考：单行种植难以管理，而且浪费时间和投入？有没有更好的解决办法呢？于是，梅尔经过多次实验，将难以管理的单行种植空间，浓缩成了 1 米 ×1 米的种植空间，分成 9 个小方格，每个小方格的尺寸为 30 厘米 ×30 厘米，并且改良了土壤。于是他成功了……他开发出了一套全新的园艺方法，取名为 Square Foot Gardening，即“一米菜园”。

“一米菜园”的搭建步骤其实很简单：

第一步，准备 1 米种植箱，种植箱深度为 15 厘米左右即可，长宽各为 1 米。设定原则在于，“一米菜园”的主人无需踩入种植箱中，伸出手就能够到种植箱的每个位置。在种植箱上放上网格，每格约30厘米，网格使“一米菜园”更整洁，也能更好地组织植物。

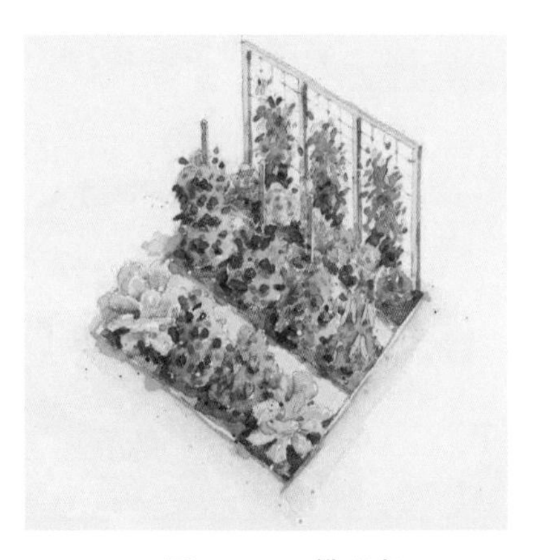

图7-32 攀爬架

第二步，放入土壤。这里我们可以买营养土，当然也可以用我们前面几节学过的知识自制营养土，学以致用的感觉最好！

第三步，计划与栽种。决定在一米菜园中种什么，将是你的园艺生涯中最有趣的部分。伙伴们可以和爸爸妈妈一起讨论决定种哪些蔬菜。如果你想种爬藤的植物，还可以像图7-32这样做上攀爬架。

经过精心的培育，我们就可以收获自己种植的新鲜蔬菜了！

其实，“一米菜园”只是一种形式，如果伙伴们家里没有这样的材料或空间，我们完全可以开动脑筋，发挥自己的创造力，比如塑料瓶、废旧的家具抽屉、断了弦的吉他，甚至是一个编织袋，都可能变成你阳台上的“一米菜园”，见图7-33。

图7-33 形式多样的私人订制小菜园

怎么样，有没有大受启发、跃跃欲试呢？快和爸爸妈妈一起来设计属于你家自己私人定制的小菜园吧！记得和更多的人分享你们种植的乐趣。

神奇的小菜园带给我们的绝不只是新鲜的蔬菜，还有园艺知识、健康饮食习惯，乃至节约用水、爱护环境、废物利用、自给自足的精神理念……

7.4 今天你“光盘”了吗?

知识宝藏我来挖

这个“光盘”可不是伙伴们想到的平时用于存储数据的光盘，而是一种习惯、一种态度、一种理念。

7.4.1 “光盘行动”的起源

“光盘行动”发起者是北京一群因参加某培训而结缘的中青年人，成员来自金融、广告、保险等不同的行业。他们用 IN_33 来称呼这个团队。

2013 年 1 月初，IN_33 中的三个成员发出号召“从我做起，不剩饭”的想法，得到多人响应。他们凑在一起讨论：既然每年都过光棍节，不如提议也设个“光盘节”吧。“光盘”二字出炉，这个行动有了既清晰明了又朗朗上口的代号。之后成员们除了发布微博，他们还亲自把宣传页和海报送到大街小巷的各个餐厅，很快他们的“光盘”倡议得到了民众的支持，被传到了全国各地。

“光盘行动”倡导厉行节约，反对铺张浪费，带动大家珍惜粮食、吃光盘子中的食物，得到从中央到民众的支持，成为 2013 年十大新闻热词、网络热度词汇，最知名公益品牌之一。

7.4.2 “光盘行动”的宗旨

有一项调查结果显示，我国消费者每年仅餐饮浪费的食物蛋白和脂肪就分别高达 800 万吨和 300 万吨，最少倒掉了约 2 亿人一年的口粮。你随意倒掉的剩菜剩饭，很可能是 2 亿人的口粮——在这样触目惊心的日常数据叠加后，你还能为自己对食物的漠不在意而心安理得吗?

舌尖上的文明是一个城市文明的缩影。伙伴们，你们每天、每顿饭都有做到“光盘”了吗？要记住:“光盘行动”的宗旨是: 餐厅不多点、食堂不多打、厨房不多做。即要做到按需点菜，在食堂按需打饭，在家按需做饭。

诗人海子曾经说: 从明天起，让我们关心粮食与蔬菜。我们也不妨这样赶紧行动起来，接力成为“光盘”一族。

7.4.3 “光盘”在行动

其实“光盘行动”不仅局限于吃光盘中的食物，更在于养成生活中珍惜粮食、厉行节约、反对浪费的习惯。这不是一场行动，而是一辈子的行动。由此应运而生了很多有意义的活动和小发明，作为无废“吃”神，快让我们一起来看看吧!

7.4.3.1 光盘打卡活动

2018 年 10 月世界粮食日，光盘打卡 APP（图 7-34）应用在清华大学正式发布。参与者用餐后手机拍照打卡，经由 AI 智能识别是否光盘并给予奖励，以倡导与奖励的方式督促人们养成节约粮食的习惯。2020 年 4 月世界地球日，共青团中央和光盘打卡推出“2020 重启从光盘做起”光盘接力挑战赛。参与者用餐后通过光盘打卡小程序 AI 识别光盘，成功光盘即可获得食光认证卡。除了高校的接力，活动也受到了环保、公益领域的关注与支持。据统计，一周内活动微博话题阅读量超过 1.1 亿，覆盖高校上千所，直接参与打卡人数达 50 万。活动期间累计光盘打卡次数超过 100 万，据估算，相当于减少食物浪费 55 吨、减少碳排放 19 吨。

图 7-34　光盘打卡 APP 界面

7.4.3.2 故宫零废弃环保“食”力派主题活动

在 2021 年的世界粮食日期间，故宫博物院推出了名为《故宫零废弃环保“食”力派》的主题活动，旨在通过营造沉浸式“零废弃饮食”氛围，鼓励公众践行更多“零废弃”饮食行动。游客可以通过完成自带杯或餐具、践行光盘、喝空饮料、垃圾分类、剩余餐食打包等任一“零废弃”行动，兑换故宫博物院为大家准备的限量版礼物，见图 7-35。

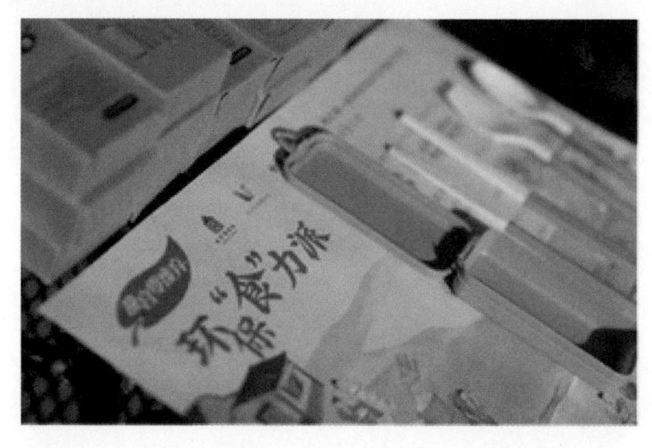

图 7-35　故宫环保“食”力派活动限量版礼物

7.4.3.3 “绿色点餐专员”引导大家适量点餐

自从光盘行动在全社会广泛实施以来，伙伴们有没有发现餐厅中多了“绿色点餐专员”。他们在客人点菜时根据顾客的人数给出合理的建议，同时对菜肴的搭配和菜量作出提醒，杜绝浪费。如果中途需要加菜，他们也将再次提醒客人适度加菜。客人就餐结束，他们还会主动提醒客人将剩余的菜打包。他们成了一批传播文明的宣传员和绿色健康的引导员。

7.4.4 可食用餐具

比“光盘”更高的境界是什么？哈哈，就是连盘子一起吃光！

全球每年的一次性餐具消耗量都是数以亿计。这么多的一次性餐具中，大部分是由塑料制成的，废弃的餐具不但产生了大量难以降解的垃圾，造成环境污染，并且在高温下很容易释放出致癌物质。

于是有个印度发明家NarayanPeesapaty直接造出了可以吃的一次性餐具Bakeys（图7-36），吃完美食再也不用担心丢弃一次性餐具带来的环保问题了，直接把盘子吃了吧。Bakeys完全是由小米、大米、小麦等制成，并且不添加任何防腐剂。通过不同的模具，可以制成不同形状的餐具，还可以拥有各种不同的口味。吃完饭你可以直接吃掉，如果遇到的餐具是你不喜欢吃的口味，那么你也可以直接扔掉，4 ~ 5天它就会完全分解为肥料，回归大自然。NarayanPeesapaty希望可以号召全球人民一起努力，为环保作一点贡献。这可真是一项有意义的发明啊！

图7-36 可食用的一次性餐具Bakeys

其实，光盘只是手段，更多的是让我们每个人树立不要浪费的理念。

7.4.5 《中华人民共和国反食品浪费法》的出台

2021年4月29日，十三届全国人大常委会第二十八次会议表决通过《中华人民共和国反食品浪费法》，自公布之日起施行。弘扬传统美德、保障粮食安全，防止食品浪费从此有法可依！对于“吃”这件事，我们每个人都是要承担责任的。

知识链接

《中华人民共和国反食品浪费法》

反食品浪费法共32条，分别对定义、反食品浪费的原则和要求、政府及部门职责、各类主体责任、激励和约束措施、法律责任等作出规定。如公务活动用餐不得超过规定的标准，可奖励“光盘行动”的消费者，点餐消费可收厨余垃圾处理费；商家诱导、误导超量点餐最高罚1万元；食品生产经营者严重食品浪费最高罚2万元；制作、发布、传播暴饮暴食节目或者音视频信息的，最高罚10万元。

该法的颁布实施，将为全社会树立浪费可耻、节约为荣的鲜明导向，为公众确立餐饮消费、日常食品消费的基本行为准则，为强化政府监管提供有力支撑，为建立制止餐饮浪费长效机制、以法治方式进行综合治理提供制度保障。

7.4.6 合理健康饮食

对于伙伴们来说，我们不仅要从我做起，做到不浪费食品。同时，作为正值身体发育期的青少年，我们还要建立正确的健康饮食观，平衡膳食，远离垃圾食品。伙伴们可以参考图7-37来合理规划自己的饮食。

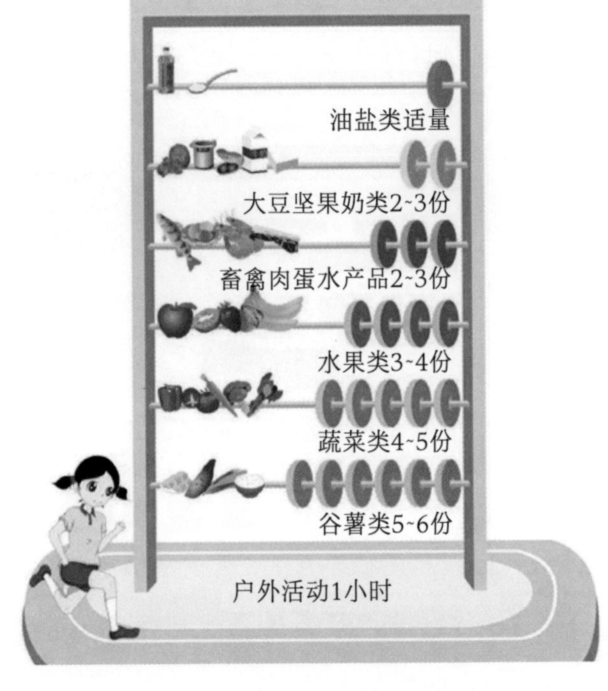

图7-37 中国儿童平衡膳食算盘图

对于正处于生长发育期的伙伴们来说，建议你们要做到以下三点：

①三餐应定时定量，吃好早餐尤为重要。多

吃谷类，供给充足的能量。

②保证足量的鱼、禽、蛋、奶、大豆和新鲜蔬菜的摄入，不偏食，不挑食，确保营养均衡。选择健康零食，控制糖分摄入，足量补水。

③重视户外活动，避免盲目节食。

零食一定是伙伴们都喜欢吃的吧，但其实吃零食也是非常有学问的。选择零食应重视其营养价值，首选水果、奶类和坚果等低盐、低脂和低糖零食，少吃高盐、高糖、高脂肪等重口味零食，要多喝白开水，少喝或不喝含糖、含酒精和含咖啡因饮料。伙伴们一定要注意：果汁是不能代替水果的，含乳饮料并不等同于液体奶，咖啡、茶等饮料会干扰我们的记忆，高盐、高糖和高脂肪食物和含糖饮料可增加我们发生肥胖、龋齿、高血压、脂肪肝、血脂异常、心脑血管疾病、糖尿病和骨质疏松症等的风险。这些都是不容小觑的哦！

7.4.7 打卡“光盘行动”，21天文明习惯养成记

有一种节约叫光盘，

有一种公益叫光盘，

有一种习惯叫光盘！

在行为心理学中，人们把一个人的新习惯或理念的形成并得以巩固至少需要21天的现象，称之为21天效应。这是说，一个人的动作或想法，如果重复21天就会变成一个习惯性的动作或想法。所以，如果你想养成一个好习惯，那么请你坚持21天吧，慢慢地就会成为你的一部分了。打卡光盘行动，就从21天开始吧。吃光你盘子里的东西，拒绝浪费，从自己做起，一起向舌尖上的浪费说不！

具体做法：每天在光盘行动打卡表上进行打卡记录，见图7-38。分别在7天、14天时可以奖励自己一个小礼物作为阶段奖励，当到达21天时，可以奖励自己一个大奖哦！

附加做法：可以邀请爸爸妈妈一起加入你的21天光盘计划。用爸爸妈妈或自己的手机对每天的光盘进行拍照，坚持每天发朋友圈，配以“从我做起，光盘行动第××天”，或者下载前面讲过的“光盘打卡”APP，每天在APP上上传照片打卡，记录过程，分享过程，从而影响更多的人。

光盘行动打卡表

打卡人：　　　挑战目标：每顿不剩饭，全部吃光光，坚持21天！

<table>
<tr><td colspan="2">每天打钩，开始挑战！</td><td>Day1</td><td>Day2</td><td>Day3</td><td>Day4</td><td>Day5</td></tr>
<tr><td>Day6</td><td>Day7</td><td>★阶段奖励</td><td>Day8</td><td>Day9</td><td>Day10</td><td>Day11</td></tr>
<tr><td>Day12</td><td>Day13</td><td>Day14</td><td>★阶段奖励</td><td>Day15</td><td>Day16</td><td>Day17</td></tr>
<tr><td>Day18</td><td>Day19</td><td>Day20</td><td>Day21</td><td colspan="3">★一共坚持了____天！我的终极奖励</td></tr>
</table>

图7-38　光盘行动打卡

伙伴们既要做“光盘行动”的实践者，也要做“光盘行动”的传播者，让更多的人了解“光盘行动”，呼吁更多的人参加到“光盘行动”中来，争做“光盘”小达人，让节约引领风尚。

8 「无废城市」的无废旅行

8.1 无废景区旅行记

知识宝藏我来挖 

通过前面的学习伙伴们知道了“无废城市”的建设是从培育每一个“无废细胞”开始的，而无废景区就是这众多细胞中的一种。那什么是无废景区呢？无废景区都有哪些过人之处呢？就让我们一起来次无废景区之旅吧！

8.1.1 什么是无废景区

无废景区是“无废城市”的重要组成部分，以倡导无废生活方式和绿色、低碳、环保、健康生活理念为主，通过景区固体废弃物源头减量、资源化利用及无害化处理，从而使固体废弃物环境影响降至最低的景区管理模式。

现在全国很多景区都在积极行动，争创无废景区，它们把无废的理念与各自景区的实际情况相融合，因地制宜，想出了很多小妙招，玩出了无废新时尚。现在就让我们一起来畅游一下吧！

8.1.2 无废景区玩出无废新时尚

8.1.2.1 电子门票、电子导览，打造旅游新体验

(1)景区电子门票

现在越来越多的景区推行电子门票，不仅从源头上减少了纸质票的产出，而且大大减少了排队等候时间，同时还减少了接触，为疫情防控提供了保障。

重要的是，通过电子门票系统，可以将系统里的所有数据随时进行统计和长久电子保存，避免人工统计和管理工作繁重造成出错概率高，从真正意义上实现无纸化办公管理。通过管理数据的累积，景区工作人员还可以根据不同时期的游客数据进行比较，统计出游客的流量、质量、收益、管理等不同信息，为更好地开展景区运营提供数据支持。

景区电子门票近年来在经历了磁卡票、IC卡票、指纹卡票等形式后，现在采用最多的方式之一是二维码电子门票。二维码独有的数据储存大、信息安全性强、制作成本低等优点，让二维码技术在景区的应用得以快速发展，加上线上购票的便捷性，更加推动了二维码电子门票系统的应用。此外，现在越来越多的景区开始实行实名购票制，我们的身份证件就变身成了我们的电子门票。

知识链接

二维码

二维码(dimensional barcode)，又称二维条码，是在一维条码的基础上扩展出的一种具有可读性的条码。设备扫描二维条码，通过识别条码的长度和宽度中所记载的二进制数据，可获取其中所包含的信息。相比一维条码，二维码可以记载更复杂的数据，比如图片、网络链接等。

在信息表达上，二维码能在横向和纵向两个方位同时表达不同信息，因此可存储的信息量是条形码的几十倍，并能整合图像、声音、文字等信息。在功能上，二维码不但具有基本识别功能，而且可显示更详细的产品内容。它不仅读取方便，还能节约纸张。

伙伴们可以通过景区的电子门票系统（例如图8-1为故宫APP的电子门票系统）直接在景区官网或微信公众号提前订购景区门票，凭手机上的二维码门票或是身份证直接通过闸机验票，是不是很方便呢?

⑵景区电子导览系统

为了适应数字化时代的到来，各大景区也相继推出了景区电子导览系统（例如图8-2为颐和园APP上的电子导览系统）。它打破了原有传统的人工导游与无导个人游的旅游方式，清晰引导式地解决了游客无厘头游的迷茫，拓宽了游客对景区更深刻更详细的了解和认知。

图 8-1　故宫的电子门票系统

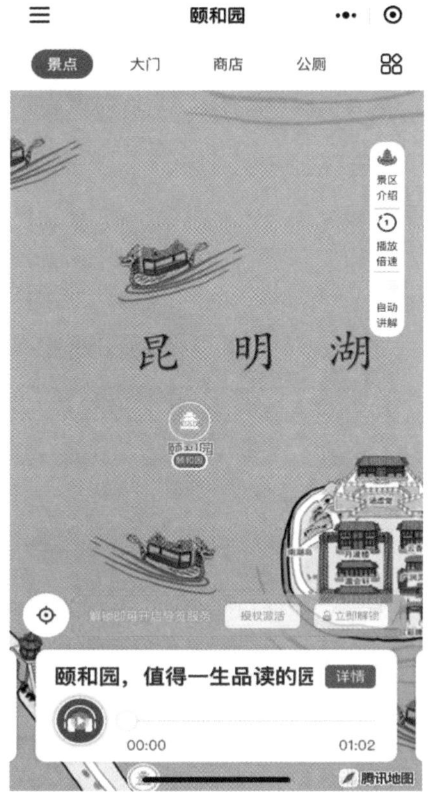

图 8-2　颐和园的电子导览系统

景区电子导览系统主要是结合景区景点分布情况提出设计方案，游客通过电子导览系统的3D地图清晰了解景区的地形及游览路线，有些导览系统还具有智能路线指引作用，并且对景区及陈列历史文物等内容配以图文并茂的解说呈现给游客，让游客在观赏景物与展品的过程中了解更多的风土人情，感受更好的游玩服务体验。

轻盈活跃的电子导览语音讲解，独具内涵的全彩地图，伴着整个游玩过程解锁旅游新体验，伙伴们，快来一同感受电子导览新科技给我们带来的新奇与便利吧！

8.1.2.2　因地制宜，打造景区特色生态环保游

三亚蜈支洲岛游览区是海岛型景区，良好的生态环境是景区赖以发展的生命线。该景区制订了详细的环境监控方案，定期清理景区周边海域及人工鱼礁区渔网、绳子、塑料制品等固体废弃物，并将打捞上来的海洋垃圾进行

分类，实现循环利用和集中处理（图 8-3）。景区更是以海洋生态环保为己任，通过实行禁伐树木、禁止捕捞、全岛禁烟、控流限流，推行扫码检票，使用易降解环保纸杯，成立“文明旅游纠察队”，携手蓝丝带海洋保护协会组织志愿者净滩和海洋科普宣传等一系列措施，打造无废海岛景区。真是值得为他们点赞！

图 8-3　海底“清洁队”让海域更干净

位于舟山定海区的南洞艺谷景区拥有自然的生态野趣和乡村农趣，发展生态休闲产业的区位优势明显。它因地制宜地在景区内推广了光伏发电项目（图 8-4），光伏组件年均发电量可达 2.1 万千瓦时，每年可减少碳排放量约 12.14 吨。景区还发挥山地优势，推广建设坑塘净化系统、人工湿地、潭链系统等，灵活利用地势高低差来沉淀泥沙改善水质。这些项目与景区环境融为一体，相得益彰。景区内也不时开展与“无废理念”相关的主题活动，让游客们在游览景区的同时感受到无废生活带来的美好。

图 8-4　光伏发电项目

上面这两个例子，因地制宜，结合景区自身的特点，打造具有景区特色的无废生态环保发展理念，这种方式现在已成为越来越多景区的发展方向。“绿水青山就是金山银山”就是这些无废景区的最好写照。

8.1.2.3　“垃圾银行”成为景区别样风景

什么什么，银行不是存钱的地方吗？怎么还有收垃圾的银行！伙伴们一定觉得很新奇吧。

所谓的垃圾银行，就是按照银行“储蓄”模式，激励和引导群众主动参与垃圾分类处理和回收利用的一种新方法。但在这里，“存”进去的不是现金，而是换成了废弃的垃圾，当垃圾“存”进“银行”后，用户就可以换取相应的“利息”——奖品或奖金。

典型案例

海螺沟“垃圾银行”

2015 年 2 月，全国第一家景区“垃圾银行”在四川省甘孜州海螺沟景区设立，见图 8-5，“善待地球、保护冰川”环保公益活动和“捡垃圾、兑礼品、存信誉”活动由此启动。游客们可在“垃圾银行”领取清洁袋，在景区内将自己产生或在路上捡到的垃圾装进领取的清洁袋内。“垃圾银行”向游客支付的“利息”是 1 袋垃圾可兑换海螺沟明信片 1 张，2 袋垃圾可兑换冰川雪菊 1 盒……而 10 袋垃圾即可获得终极大奖——海螺沟“环保大使”称号以及海螺沟门票免票券，五年之内凭本人身份证便可多次免费游览景区。在做环保的同时又可以获得奖品，是不是很吸引人？伙伴们是不是也都很想争当这个“环保大使”呢？据统计，自海螺沟“垃圾银行”成立以来，2 年间共回收游客产生的垃圾 250 余万袋，约 375 吨。海螺沟景区也因为这项举措闻名全国，他们的“垃圾银行”也被推广到了全国很多个景区。

图 8-5

海螺沟的“垃圾银行”

保护环境是我们每一名游客都应自觉担当的责任。旅游环境的保护不能仅依靠保洁人员，还需要更多游客的文明参与。爱护环境、保护生态谁都不能置身事外，谁也不能无动于衷。我们在欣赏美景的同时，也要培养保护美景的意识，绝对不能带走照片，留下垃圾。伙伴们，下次你旅行的时候不管景区有没有“垃圾银行”，都记得要把垃圾带走哟！

“无废小达人”成长记

8.1.3 旅行手账我做主，无废理念加其中

每次旅行之后，你的记忆能保持多久呢？除了一句“好玩”和相机里一大堆照片，你的旅行还剩下什么？我们需要记录，哪怕只留下一点点照片和文字，都能充分唤回当时的印象和感觉。

伙伴们听说过旅行手账吗？有伙伴制作过旅行手账吗？旅行手账，可以让一闪即逝的体验保留下来，方便我们随时重温旅行。制作手账更像是给未来的自己留下的一份礼物，能够借助手账回忆起自己所有经历过的事情也是一种幸福。

图 8-6 这些精美的旅行手账，你更喜欢哪种风格呢？

其实，无论哪种风格，只要是你真实的记录和感受就好。那么，如何制作一本属于自己的旅行手账呢？

图 8-6　风格各异的旅行手账

首先需要准备一个手账本，最好是那些没有任何标志的空白的纸和本子。笔的话可以根据需要用纯黑色或彩色，还可以准备些小贴纸用于构图。

你可以用文字为主去表达你的手账，写下你的思想感受和感悟，搭配一下照片，也可以用贴纸去修饰你的页面，走简洁风。

如果你比较爱画画，就可以用一些简笔画和彩色的笔，去记录你的整个行程。画一些涂鸦，可以让手账更加多姿多彩。

除了文字、绘画和照片，你还可以加入一些有特色的元素，比如门票、车票、当地邮局的邮戳、景区里的特色印章、掉在地上的花花草草等，贴到你的手账上，也是一个非常不错的设计与纪念！

当然，在强调无废生活的今天，伙伴们也要尝试用无废生活的理念去发现旅行中的动人之处，把这些无废、环保的小发现也记录到你的手账中吧，这一定会让你的旅行手账更加丰富多彩，与众不同！

8.2　运动休闲——这些公园很“无废”

知识宝藏我来挖

伙伴们，公园大家肯定都去过吧？是不是最爱去动物园、游乐场呢？除了这些普通意义上的公园，你还去过哪些有特色的公园呢？今天就让我们一起去发现些有特色的公园吧，Let’s go！

8.2.1 生活垃圾分类主题公园

废旧物品做成的变形金刚、分类垃圾桶儿童游乐场、放在椅子上就可以自动充电的智能座椅、旧物利用游乐空间……听上去是不是很新奇？这就是2020年底建成开放的重庆市两江新区生活垃圾分类主题公园，别看它刚刚建成不久，它可是全国垃圾分类示范教育基地呢，每天慕名而来的游客数以千计。我们就通过一组照片来身临其境地感受一下它的创意之处吧，见图8-7。

图8-7 重庆市两江新区生活垃圾分类主题公园

图8-7（a）：垃圾分类投放桶造型的儿童游乐场地，是不是很可爱？这里的游乐设施，多是废弃物再利用打造而来，它们的前身是工业废金属、废旧轮胎、废塑料、废木料等。

图8-7（b）：公园里的一条条色彩鲜艳的步道，地面上印着的全是各类生活垃圾分类、环境保护等方面的知识。当游客在游玩时，可向公园的工作人员申请参与通关游戏，通过投扔骰子，并回答正确相应的垃圾分类相关问题，即可领取小礼品一份，寓教于乐，真是一个好点子！

图 8-7（c）：可充电、可上网的智慧座椅。我们可以直接通过 USB 接口为手机充电，如果没带数据线也没关系，座椅两端还有无线充电板，手机放在上面就可以直接充电。以后逛公园再也不用担心拍照太多，手机电量不够啦，好先进！

图 8-7（d）：互动实验区的手工坊里面有各种各样利用废弃物做成的手工制品，还有一排排的小型机具，伙伴们可以利用这些机具对废旧材料进行再加工，体验变废为宝全过程。

图 8-7（e）：公园的堆肥体验空间，这些小装置伙伴们是不是很熟悉呢，对啦，这就是我们之前学到过的蚯蚓塔堆肥箱和波卡西堆肥箱。

图 8-7（f）：伙伴们，你们知道废弃家具、床垫之类的大件垃圾最终到哪里去了？它们又是怎样被处理的？来参观这个红色的大件垃圾资源化利用中心就可以解答这个问题，周边居民还可以通过手机 APP 预约处理自家的大件垃圾呢！

这样的垃圾分类主题公园是不是很有趣也很好玩呢？现在，在很多城市都修建了以垃圾分类为主题的公园，见图 8-8，在逛公园的同时给市民普及垃圾分类知识，引导大家建立垃圾分类的观念和习惯。伙伴们，你们所在的城市有没有这样的垃圾分类公园呢？快和小伙伴们一起去发现吧，来一场身临其境的废物利用环保之旅！

图 8-8　全国形式多样的垃圾分类主题公园

知识链接

生活垃圾分类的立法过程

生活垃圾分类就是通过回收有用物质减少生活垃圾的处置量，提高可回收物质的纯度，增加其资源化利用价值，减少对环境的污染。

2019 年 6 月 25 日，《固体废物污染环境防治法修订草案》初次对“生活垃圾污染环境的防治”进行了专章规定，提请全国人大常委会审议。

2019 年 9 月，为深入贯彻落实习近平总书记关于垃圾分类工作的重要指示精神，推动全国公共机构做好生活垃圾分类工作，发挥率先示范作用，国家机关事务管理局印发通知，公布《公共机构生活垃圾分类工作评价参考标准》，并就进一步推进有关工作提出要求。

2020年4月29日，《中华人民共和国固体废物污染环境防治法》第二次修订案第四十九条明确规定：“产生生活垃圾的单位、家庭和个人应当依法履行生活垃圾源头减量和分类投放义务，承担生活垃圾产生者责任。任何单位和个人都应当依法在指定的地点分类投放生活垃圾。禁止随意倾倒、抛撒、堆放或者焚烧生活垃圾。机关、事业单位等应当在生活垃圾分类工作中起示范带头作用。已经分类投放的生活垃圾，应当按照规定分类收集、分类运输、分类处理。”

此后，各地陆续出台当地生活垃圾分类管理办法。

8.2.2 城市生态公园

图8-9航拍的生态公园是不是很美？其实这仅仅是成都环城生态公园的一角。于更高处看成都，整个成都平原就是一座大公园。层层叠叠的高楼和道路萦绕，一条长约100千米的“绿道”镶嵌在城市版图之上，就像一条翡翠项链，圈出成都人的安逸生活。细细端详，被道路分割的河流、湖泊、森林、田野等生态区域由绿道串联，桥梁、林盘点缀其中，一个无障碍的骑行和慢行系统无缝连接城市和自然。布局其中的，是一个个可进入、可参与、可感知、可阅读、可欣赏、可消费的宜居生活场景。

图8-9　成都环城生态公园一角航拍图

成都的环城生态公园总面积达187平方千米，跨经成都12个区，连线成片、串珠成链，是在全国乃至全世界都独一无二的公园城市载体，见图8-10。在环城生态公园中共规划建设了文化设施640处、体育设施1050处，提供慢行、跑步、足球、健身保健等多类型场地及设施。据统计，近一年成都市民运动总里程超2亿千米，相当于绕地球5000圈。在成都，绿道就是跑道，公园城市就是运动场，而环城生态公园就是人们的绿色福利。

图8-10　成都的环城生态公园景观

这样的城市生态公园你是不是也爱了呢？其实近几年来各个城市都在打造生态公园，推行简约、健康、低碳的生活方式，伙伴们，你们所在的城市肯定也有类似的生态公园，快和小伙伴们一起去寻找并体验下吧！

知识链接

生态公园

生态公园指以生态学和生态文化为指导思想，结合了传统城市公园和主题公园（人造景观）各自的特色而建立的一种新型的城市公园，是公园发展的一个历史阶段。生态公园强调对整个城市生态环境的参与意识，主张有目的、有组织地开展城市的肺、生物多样性保护和维持自然生态过程，以及为市民提供身心再造场所的工作。

8.2.3 变废为宝建公园

在“无废城市”理念的引领下，越来越多的废弃物又焕发了青春。

在许昌市，就有个无废公园，它将废弃啤酒瓶、建筑垃圾、木材、石板等融入景观，让市民在游玩中体会绿色生态发展理念，接受科普教育，见图8-11～图8-14。

图 8-11
废啤酒瓶、木料构成的景观建筑

图 8-12
废石料堆成的长廊座椅

图 8-13
废轮胎做成的攀爬架

图 8-14
很有设计感的啤酒瓶墙面

其实这种变废为宝的例子还有很多，就在各个公园，就在你我身边，只要用心观察，它们随处可见，见图8-15～图8-18。

图 8-15
钢铁造型的围墙

图 8-16
天津旧物志公园废料雕塑

图 8-17

重庆大足公园的枯树枝鸟窝

图 8-18

包头锦林公园的网红轮胎座椅

这些被时光遗忘的东西被赋予新的意义，通过艺术形式号召我们保护环境，形成一道环保理念与艺术创意完美融合的靓丽风景线。

知识链接

数说变废为宝

废旧笔记本电脑可以通过元件拆解、破碎分选等过程，分解并回收尚可使用的电脑元件、塑料，以及铜、铁、铝等金属。一台重 2.7 千克的戴尔笔记本电脑能够分解出 0.488 千克塑料、0.244 千克铝和 0.015 千克铁。

牛奶盒包装通过回收、碎浆等工艺流程分离为纸浆、塑料和铝粉，纸浆又可用于再生纸品的制作，塑料颗粒可以用于制作纤维、纺纱织线，再进一步制成衣物，而铝粉则作为贵金属，进一步用于飞机大炮或日常用品等的制作。每回收 1 吨牛奶盒，可以造纸 510 千克，回收塑料 120 千克，并提炼铝粉 28 千克。

废塑料瓶通过分类回收、解包、粉碎等工艺流程生成再生聚酯粒，再通过抽纱与织布做成再生环保织品。平均每回收使用 1 亿个塑料瓶，约相当于节约 2.15 亿升水，减排 505 万千克二氧化碳，节省石油 129 万千克。

“无废小达人”成长记

8.2.4 我是无废小小监督员

看过了这么多无废景区、特色公园，相信伙伴们在大开眼界的同时，也一定有很多自己的见解和创意吧！“无废城市”的建设离不开我们每一个人，当然包括身为学生的你。

每当我们游览完一个景区或是一个公园，伙伴们可以尝试着从无废的角度去发现和审视，发现该景区或公园在无废建设中做的有特色的方面，同时也审视可以改进或添加的方面，在景区或公园的留言簿上提出自己的见解和建议，做一名无废小小监督员，为无废生活的创建作出自己的努力！

8.2.5 变废为宝小妙招

无论是我们前面看到的哪类公园，其实都在传递着废物利用、生态环保的理念。在我们的生活中，也处处可见变废为宝的例子。伙伴们，你能说出哪些，又能做出哪些呢？把你的变废为宝小妙招写下来、做出来，分享给小伙伴们吧！可以参考表 8-1 噢！

表 8-1 废弃物再利用记录表

废弃物名称	小妙招
废旧纸盒	1. ______ 2. ______ 3. ______
饮料瓶	1. ______ 2. ______ 3. ______
废报纸、杂志	1. ______ 2. ______ 3. ______
______	1. ______ 2. ______ 3. ______

8.3 绿色出行我能行

知识宝藏我来挖

说到出行，伙伴们，平时你们都怎么上学呢？走路？骑车？坐公交？还是爸爸妈妈开车送去呢？出去旅行的时候，是选择飞机、火车还是自驾出游呢？

出行是我们生活中必不可少的环节，出行方式的选择不仅是我们个人的事，其实也关系到整个社会的进步与发展。

8.3.1 什么是绿色出行？

城市是我们共同的家园，环境与我们的生活息息相关。近些年来，随着社会经济的快速发展，人们的生活水平不断提高，私家车数量呈现井喷式增长，尾气排放、交通拥堵、车辆停放等问题给我们的环境带来了不小的压力。据统计，在经济较为发达的大城市，机动车排放的一氧化碳、羟类化合物、氮氧化物、细颗粒物所占平均比例分别为 80%、75%、68% 和 50%，已成为城市空气污染的第一大污染源。

绿色出行就是采用对环境影响较小的出行方式，既节约能源、提高能效、减少污染，又益于健康、兼顾效率的出行方式。换句话说，只要是能降低自己出行中的能耗和污染，就是绿色出行、低碳出行。建议伙伴们在条件允许的情况下，尽量多乘坐公共汽车、地铁等公共交通工具，合作乘车，环保驾车，或者步行、骑自行车等。

8.3.2 绿色出行建议

8.3.2.1 步行或骑自行车

如果出行的距离不超过 5 千米，在天气和身体适合的情况下，步行和骑自行车是最佳的选择。

自行车是能源转化率最高的一种交通工具，骑车者 80% 的能量都转化到了自行车的运动过程中，既环保又健康。骑车除了节约能源、减少污染外，对于我们自己的身体也是非常有好处的。骑车能够提高神经系统的敏捷性，保护我们的大脑。骑车对内脏器官的耐力锻炼效果也不错，还能促进末梢循环，强化心肺、大脑和血管的功能，在一定程度上可以延年益寿。美国普渡大学研究表明，经常骑自行车的人患心脏疾病的风险可降低 50%。南丹麦大学研究也发现，经常骑车可以提高运动量，有助于控制体重，降低糖尿病发病风险。骑车属于周期性的有氧运动，骑车时能消耗较多的热量，还能使我们的体型更为匀称迷人。有这么多好处，在能选择骑车出行的时候，我们就尽量选择这种出行方式吧！

知识链接

共享单车

为了解决公交出行“最后 1 千米”难题，很多城市都出现了共享单车，我们通常亲切地称它们“小黄”“小青”……共享单车因为使用方便，可以随时随地取车和还车，的确给我们的生活带来了便利。但同时它的乱停乱放、管理不善、无限扩张等问题，也给公共环境和交通带来压力和负面影响。因此，政府也出台了一系列措施，指导与监管，更规范、科学地管理共享单车。

8.3.2.2 公共交通

去更远些的地方公共交通是首选。公共交通泛指所有向大众开放、并提供运输服务的交通方式。

公共汽车和地铁一般来讲是绿色的交通工具，因为它们可以运载更多的乘客，运载每位乘客造成的污染较少，而且使用的能源较少。一辆公共汽车约占用 3 辆小汽车的道路空间，但高峰期的运载能力却是小汽车的数十倍。它既减少了人均乘车排污率，也提高了城市效率。地铁的运客量是公交车的 7 ~ 10 倍，单位耗能和污染更低，还可以缓解地面拥堵问题，是更加绿色的出行方式。

8.3.2.3 私家车

随着社会经济的发展，人们的生活水平逐渐提高，汽车逐步走进寻常百姓家。出行从此变得无拘无束，方便快捷，我们的生活方式、生活观念和生活质量因汽车而发生改变。

知识链接

世界上第一辆汽车是谁发明的？

世界上第一辆汽车是由德国人卡尔 · 弗里德里希 · 本茨发明的。他在 1885 年研制出世界上第一辆马车式三轮汽车，见图 8-19，该车采用两冲程单缸 0.9 马力（1 马力 =735.5 瓦）的汽油机作为动力，具备火花点火、循环、钢管车架、钢板弹簧悬架、后轮驱动、前轮转向和转动把手等，并于 1886 年 1 月 29 日获得世界第一项汽车发明专利，这一天被大多数人称为现代汽车诞生日。

图 8-19 德国人卡尔·弗里德里希·本茨和他研制的世界上第一辆汽车

带来出行便利的同时，私家车带来的问题也不容忽视。汽车的发展引起了能源的消耗和空气的污染。汽车是增长最快的温室气体排放源，全世界交通耗能增长速度居各行业之首。汽车又造成噪声污染，破坏人体健康和生态环境。汽车数量的迅速增加使道路堵塞，导致低效率，使汽车原本应带来的快捷、舒适、高效无法实现。

因此我们倡导：在城市里，条件允许的情况下，大家尽量乘坐地铁、公共汽车等公共交通工具，少开车；尽量拼车，减少空座率；自驾车要做到环保驾车、文明驾车；空气质量良好和距离合适的情况下，采取步行、骑自行车等交通方式，这就是“绿色出行”。

针对汽车的能耗和污染问题，近些年来，越来越多的新能源汽车逐步走入了我们的生活。国务院办公厅在2020年11月专门印发了《新能源汽车产业发展规划（2021—2035年）》，要求深入实施发展新能源汽车国家战略，推动中国新能源汽车产业高质量可持续发展，加快建设汽车强国。

知识链接

新能源汽车

新能源汽车是指采用非常规的车用燃料作为动力来源（或使用常规的车用燃料，但采用新型车载动力装置），综合车辆的动力控制和驱动方面的先进技术，形成的技术原理先进，具有新技术、新结构的汽车。

新能源汽车包括：混合动力汽车（HEV）、纯电动汽车（BEV）、燃料电池汽车（FCEV）、氢发动机汽车以及燃气汽车、醇醚汽车等。

新能源汽车是人类交通史上的又一次重大变革。它以电力和动力电池（包括燃料电池）替代石油和内燃机，将人类带入清洁能源时代。在能源和环保的压力下，新能源汽车无疑将成为未来汽车的发展方向。

如果新能源汽车得到快速发展，以2020年中国汽车保有量1.4亿计算，可以节约石油3229万吨，替代石油3110万吨，节约和替代石油共6339万吨，相当于将汽车用油需求削减22.7%。

8.3.2.4 火车和飞机

火车是人类历史上最重要的机械交通工具，有独立的轨道行驶。发明之初因为当时使用煤炭或木柴做燃料，所以人们都叫它“火车”，这个名称一直沿用至今。

飞机是指具有一个或多个发动机的动力装置产生前进的推力或拉力，由机身的固定机翼产生升力，在大气层内飞行的重于空气的航空器。飞机是20世纪初最重大的发明之一，它深刻地改变和影响了人们的生活，开启了人们征服蓝天的历史。

对于长途旅行来说，我们可以选择乘坐火车或是飞机这类出行方式。但飞机的人均能源消耗要大得多，因此如果时间允许，能选择火车或是长途汽车就不要选择飞机。其实在1000千米以内，考虑到往返机场和安检登机所耗费的时间，飞机也并不比火车快多少。

知识链接

你知道我国火车车次和飞机航班号是如何命名的吗？

➢ 火车车次的命名规则

G字头：高速铁路动车组　C字头：城际动车组列车

D字头：动车组列车　Z字头：直达特快旅客列车

T字头：特快旅客列车　K字头：快速旅客列车

L字头：临时旅客列车　Y字头：临时旅游列车

1001 ~ 2998：跨局普通旅客快车　4001 ~ 5998：管内普通旅客快车

6001 ~ 7598：普通旅客慢车　7601 ~ 8998：通勤列车

➢ 飞机航班的命名规则

目前我国航班编号由航空公司二位代码和航班序号组成，航空公司二位代码是报请国际航联确认分配的全世界范围内不得重复的唯一代码，由两位英文字母或一位英文字母加一位数字组成，航班序号为4位数字，由各航空公司自行决定，规则是尾数为单数表示去程航班，双数则为回程航班。

通过上面的学习我们不难看出，绿色出行不仅可以节约能源、低碳环保，而且还能强身健体、节约开支，一举多得，何乐而不为呢？希望伙伴们能积极行动起来，争当绿色出行的宣传者、推动者、践行者，从自身做起，从现在做起，带动爸爸、妈妈和身边的人，让绿色出行成为第一选择。

“无废小达人”成长记

8.3.3 “绿色出行我能行”倡议

城市是我们共同的家园，环境与我们的生活息息相关。合理使用资源，推进节能减排，践行无废、绿色生活是我们每一个人的责任。当我们城市里穿行的汽车越来越多，道路显得越来越狭窄时；当路上花费的时间越来越多，出行不再便捷时；当空气污染，蓝天白云难以再见时……我们有理由思考，改变我们的自身行为，重新考虑出行方式。对于绿色出行，你又有哪些思考、建议和行动呢？请以“绿色出行我能行”为题写一份绿色出行的倡议书吧，带动你身边更多的人。

“绿色出行我能行”倡议书

8.4 不扔垃圾的一日游

知识宝藏我来挖

通过前面的阅读，我们关注到了“无废城市”的衣食住行等方方面面，想必伙伴们对无废生活都有了自己的感触与见解。今天就让我们把理念付诸行动，一起来一次不扔垃圾的一日游吧！

8.4.1 交通工具——低碳环保是首选

如果是本地游，参考距离的远近，最好依次选择步行、骑车或是公共交通（图 8-20）。不仅低碳环保，而且还能节约开支。公共交通不能到达的地方再考虑开私家车或者租车。租车时，可以考虑租一辆新能源汽车，把碳排放和污染的概率降到最低。

图 8-20 骑车出行

如果要长途旅行，建议首选火车而非飞机，飞机带来的人均碳排放量远远高于火车。

另外，伙伴们有关注到一个现象吗？现在无论是公交、地铁，还是火车、飞机，其实都已经进入到电子客票时代，我们完全可以使用公交卡或者身份证，甚至刷手机、刷脸乘车或是乘坐火车、飞机，而无需打印纸质票，从而减少了不必要的纸张浪费，这样做同时也便于数据的记录、留存与管理。无废生活真是越来越便利了！

知识链接

如何购买火车电子客票？

1. 在网上购票有两种方式，一是可以在中国铁路 12306 网站上进行购买，另一种是可以在“铁路 12306”app 上购买。

2. 按照提示，选择出行目的地、出行时间，选择适合的车次、座席，输入购票人姓名、身份证号、联系电话等个人信息，提交订单，完成支付即可。

3. 成功后会提示购买的车票是电子客票，不需要换纸质的车票，携带本人的身份证件检票乘车即可。

4. 进站有电子客票的取票机，有需求的话可以换取纸质车票，也可以刷用购票生成的二维码扫码进站。

8.4.2 景区——垃圾我处理

近年来，由于旅游业的发展，每年有近10亿游客遍布全球，许多旅游景区都在遭受着旅游垃圾带来的危害，那些美丽的景区变成了天然的垃圾场，真是令人叹息。伙伴们，你们知道那些被随手丢弃的垃圾，会给当地环境带来多大的危害吗？塑料垃圾在陆地或是海洋里都需要上百年才能降解，而玻璃瓶甚至需要数千年！

知识链接

各种垃圾降解时间知多少

苹果核的降解大约需要两周；

纸巾、纸袋、报纸等降解大约需要一个月；

香蕉皮、硬纸板等降解大约需要两个月；

T恤等棉质衣物降解大约需要六个月；

轻薄的羊毛衣物，如套头衫和袜子等降解大约需要一年；

橘子皮、胶合板和烟头等降解大约需要两年；

普通塑料袋的降解至少需要20年；

汽车轮胎、运动鞋、泡沫纸杯、皮制品等降解至少需要50年；

塑料瓶降解至少需要500年。

因此，当我们在景区旅游时，一定要时刻牢记垃圾不乱扔。现在，很多景区都设有分类垃圾桶，伙伴们可以自带垃圾袋，随身携带自己产生的垃圾，然后分类投放在相应的垃圾桶中，把对环境的危害降到最低。

除此之外，我们还应该注意遵守旅行的文明礼仪，向不文明行为说不！见图8-21。

①维护环境卫生，保护自然生态，不乱扔废物，关爱环境，从点滴做起。

②遵守公共秩序，倡导文明礼仪，不粗言秽语，不吵闹喧哗，自觉排队守候，方便别人，快乐自己。

③爱护一花一草，善待一山一水，拍照行走不折枝、不踩踏，脚下留意，手下留情。

④保护文物古迹，传承历史文明，不违规拍摄，不攀爬触摸，不当刻字大师，风景再美，只记心中。

图 8-21 向不文明行为说不!

8.4.3 用餐——餐具自带，光盘不浪费

中午到了，该吃饭了。对于用餐，在享受美食的同时，我们又该注意些什么呢？请伙伴们收下这份零废弃餐饮行动清单：

①自带水杯及餐具，不使用一次性纸杯和餐具，见图 8-22。

②点餐时节俭消费，量力而行，提倡点小份菜或半份菜、小分量主食；

③用餐时尽力而为，喝空饮料，践行光盘；

④餐后垃圾妥善分类，让物尽余力；

⑤如有剩余，打包带走不浪费。

图 8-22 自带餐具

8.4.4 购物——向塑料袋说不

购物是我们旅行中必不可少的环节，买一份心仪又有当地特色的纪念品能为我们的旅行留下美好的回忆。然而，旅游景点通常都会使用塑料袋为我

们包装商品。据统计，全国每日购物需要耗用30亿个以上的塑料袋，每个塑料袋的自然分解需要20年以上，这将给我们带来长久的危害。这些“白色污染”被填埋到地下，将污染周围水土；被动物吞食，将危及生命；若采取焚烧处理，则会产生多种有毒气体，直接威胁到人体的健康。因此，伙伴们必须从自身做起，自带购物袋，向塑料袋说不！见图8-23。

图8-23　自带环保购物袋

知识链接

限塑令

《国务院办公厅关于限制生产销售使用塑料购物袋的通知》发布于2007年12月31日，目的是限制和减少塑料袋的使用，遏制“白色污染”。

这份被公众称为“限塑令”的通知明确规定：从2008年6月1日起，在全国范围内禁止生产、销售、使用厚度小于0.025毫米的塑料购物袋。自2008年6月1日起，在所有超市、商场、集贸市场等商品零售场所实行塑料购物袋有偿使用制度，一律不得免费提供塑料购物袋。

8.4.5 酒店——无废理念记心间

结束一天的行程，入住酒店好好休息的同时，伙伴们也不要忘记我们的宗旨——无废之游。我们可以这样做：

①自带洗漱用品，减少一次性用品的使用；

②重复使用自己使用过的床单、被罩和毛巾，告知酒店不用每天更换它们；

③当离开房间时，关闭空调、电视、电灯等电器设备；

④了解酒店的回收计划，并相应地分类垃圾。

知识链接

无废酒店

房卡是木片做的，衣架是纸质的，用再生木材代替塑料，用黑板代替纸张做便签本，淋浴间提供沙漏来帮助客人控制洗澡时间达到节水目的……现在，随着“无废城市”建设的推进，越来越多的酒店也加入到创建无废酒店的行动中，它们从减少能源消耗、营造绿色环境、严格执行禁塑、提供绿色消费、加强绿色培训、实施垃圾分类等多方面入手，倡导自然、再生、环保、可持续发展的无废理念。

伴随着进入梦乡的你，我们的不扔垃圾的一天游结束了，但我们的无废行动永不会结束。“读万卷书，行万里路”，旅途中，伙伴们在享受美丽风光、风土人情的同时，也要做一名有责任感的旅行者，把无废理念进行到底！

8.4.6 无废出游我计划

通过前面不扔垃圾的一天游，想必伙伴们对于无废出游又有了更深层次的认识，那么，接下来，我们就尝试着来做一份家庭无废出游的计划书吧。

完成一份出行计划书可不是一件容易的事，要考虑到方方面面，比如资金的预算，如何安排适当的交通工具，每天住在何处、吃在何处，如何给一家人安排合理的活动行程……当然，必不可少的是要考虑到无废出行。

伙伴们可以和爸爸妈妈一起讨论，共同完善这份家庭出行计划书，相信有了第一次的尝试，你们会越来越棒，逐步成长为一名名副其实的无废出游小达人！

家庭无废出游计划书

一、出行目的地介绍

二、出行时间

三、出行人员

四、交通工具

五、每日具体行程（包括每日的行程、三餐安排、住宿等）

六、费用预算

七、无废出行建议

「无废城市」的无废之宝

9.1 一条“奇特”的丝巾

知识宝藏我来挖

9.1.1 漂亮的丝巾

随着物质生活的丰富，市场上会有很多物品供大家选择来点缀我们的生活，装扮自己，让我们的生活充满着五颜六色。伙伴们，在四季变化时，我们会用到围脖、手套、帽子、丝巾等为我们保暖，同时给我们的装扮带来一抹别致的色彩。

看到这些美丽的丝巾（图9-1），首先我们会觉得，哇，好漂亮，是吧！丝巾材质有很多种：丝绸（silk）丝巾；棉（cotton）丝巾；毛（wool）丝巾；麻（numbness）丝巾；化纤（chemical fiber）丝巾；混纺（blended）丝巾。伙伴们，这些都是我们日常能见到的丝巾的材质，如果让你用你积攒的零花钱给妈妈买一条丝巾，你会选择什么材质的呢？伙伴们先思考着……

图9-1 美丽的丝巾

9.1.2 资源与人类生活的关系

在未来的“无废之城”里生活，会有很多让我们意想不到的惊喜，未来在生活中大家可能会发现我们使用的物品在材质上会发生一些变化，这是为什么呢？

知识链接

地球上的资源可利用年限

石油：全世界已探明的静态可采储量还可以开采40年。

天然气：全世界已探明的静态可采储量还可以开采64年。

煤炭：全世界已探明的静态可采储量还可以开采226年。

铀：全世界已探明的静态可采储量还可以开采110年。

铁：全世界已探明的静态可采储量还可以开采150年。

锰：全世界已探明的静态可采储量还可以开采97年。

铬：全世界已探明的静态可采储量还可以开采257年。

镍：全世界已探明的静态可采储量还可以开采46年。

钴：全世界已探明的静态可采储量还可以开采166年。

钨：全世界已探明的静态可采储量还可以开采64年。

钼：全世界已探明的静态可采储量还可以开采42年。

钒：全世界已探明的静态可采储量还可以开采233年。

铜：全世界已探明的静态可采储量还可以开采26年。

看到这个时间表了吗？几年前根据统计，人类能够开采的石油总量大约是1211吨，可以供人类开采40年左右。有人怀疑石油的价格会不会大幅度飙升，但它的价格却下降了，这是为什么，因为人们发现了一种新的能源——页岩油，页岩油的数量特别丰富，可以供人类使用3000 ~ 4000年的时间，并且有科学家表示，这只是目前发现的页岩油的数量，随着科技水平不断提高还会发现更多的页岩油。伙伴们，我们再看一个案例。

知识链接

变甘蔗为燃油

来自美国的一个研究小组近日成功以甘蔗为原料，以较高的产率生产出航空煤油，实现了生物燃料技术的新突破。

为了减轻温室效应并减少对化石燃料的依赖，来自世界各地的研究人员致力于将植物转化为燃料以及其他重要的化工原料，并取得了一定的进展，各种形式的生物燃料已经开始在机动车辆中使用。然而以植物为原料生产航空煤油仍然面临着极大的困难，这是因为航空煤油对燃料的物理和化学性质要求很高，例如用于航空煤油的有机物不能含有氧元素，而且必须具有足够低的凝固点和黏度。符合这些要求的有机物通常是具有支链或者环状结构的脂肪族烷烃，而这类化合物很难通过现有技术从植物中转化而来，仅有的一些成功的例子往往也存在着产率低、能耗大等缺点。

美国加州大学伯克利分校 Alexis T. Bell 教授领导的研究小组近日成功开发出以植物为原料生产航空煤油的技术。他们首先将甘蔗中的蔗糖和半纤维素转化为酮类化合物，再通过一系列缩合、脱氧等反应将这些化合物转化为烷烃。整个反应过程使用廉价且可回收的催化剂，并且产率极高。这些化合物的性能与目前使用的航空煤油接近，能量密度甚至高于现有的航空煤油。利用类似的方法，他们还成功以甘蔗为原料生产出一系列高性能润滑油。分析表明，如果用这种来自甘蔗的航空煤油代替传统的航空煤油，温室气体排放量可以降低近 80%。

上面两个案例体现出随着科技水平的不断提高，我们能开采或利用的资源会更多，但这也并不是我们浪费资源的理由，如果科学技术停滞不前，地球上的资源也枯竭了，那么人类的命运会怎样呢？不管资源的数量有多少，人类想要在地球上长久地生存下去，就必须保护地球上有限的资源与环境。

9.1.3 日常生活中的变废为宝

说到变废为宝，伙伴们想一想前面章节我们了解到的生活中哪些材料能变废为宝呢？很多伙伴会说到：塑料瓶可以；快递纸箱可以；酸奶盒可以；牛奶盒可以；洗衣液瓶可以；废旧衣物可以。伙伴们说的都没错，以上这些物品都可以变废为宝。

看看图 9-2 和图 9-3，小伙伴们估计一眼就看出来了，这些都是我们日常生活中废弃的包装箱、快递箱等，经过我们的创意思考和灵巧的双手，就变成了你眼中有意思的手工作品了。这样是不是减少了日常垃圾的产生，同时实现了变废为宝，而且还给我们带来了属于自己的快乐和小小的成就感呢？

图 9-2　变废为宝的小灶台

图 9-3　变废为宝的小轿车

典型案例

百万玻璃酒瓶建造的环保寺庙

世界各地的人们常会为如何更好地利用旧物绞尽脑汁，生活在泰国东北部的一群僧人在这方面独辟蹊径。他们使用了大约 150 万个旧酒瓶搭建起了一座环保寺庙，见图 9-4。

这个名叫 Wat Pa Maha Chedi Kaew 的寺院位于泰国西萨菊省的一个小镇上，寺庙的僧人长期以来一直要求当地政府将所有旧酒瓶存放在该寺院内，以便他们用这些瓶子修建新的庙宇和相关设施，寺庙的 20 座房屋，包括了湖边的主殿、火葬场、祈祷室、大厅、水塔、游客洗手间以及几间僧人宿舍等，全部是用混凝土加酒瓶来修建，在废弃物回收方面真正做到了佛家所说的“涅槃重生”。当地人将这座新寺庙命名为 Wat Lan Kuad，也就是“百万酒瓶寺”的意思，俗称“万瓶寺”。

此外，在这座“万瓶寺”中，有用的不只是那些旧酒瓶，它们的瓶盖也没有浪费，而是被僧侣们拿来拼贴成环绕寺庙四周的马赛克式装饰图案。而使用废旧酒瓶所能带来的好处也不仅仅是保护环境，由于这些彩色的玻璃瓶子不会像其他建材一样，因时光流逝而褪色，它们总是显得那么鲜艳明亮且易于清洗。

寺庙方丈萨恩·卡塔布尼奥说：“只要回收更多的瓶子，就能建造更多的建筑。”“使用旧玻璃瓶一是废物利用、节约资源；二是节约费用；三是启迪信众们心灵要像玻璃般晶莹剔透。”

图 9-4　泰国“万瓶寺”

9.1.4 人类的环保行动——物尽其用

小李子的环保路

小李子，莱昂纳多是个非常优秀的演员，也是积极的环保主义者，甚至被英国《卫报》评为“可能改变地球的 50 人”。他创立了莱昂纳多咔咻迪卡普里奥基金会，为保护地球和濒危物种的活动提供资金支持，为全球 40 多个国家的相关项目提供了资金帮助。“地球正以我们无法承担，也无法忽视的步伐持续毁灭，我们有责任开创一个新的未来，我们不应该威胁地球的生存环境。”

查尔斯国王将白金汉宫变成“节能皇宫”

查尔斯国王曾被《Time》杂志评选为“环保领袖和远见人士”之一。他开展了一项雄心勃勃的计划——给产品标注上它们的二氧化碳排放值，而且还先从自己的“公爵原生”食品公司开刀，将公司所生产的有机小麦和燕麦饼干等产品全部精确量化。此外，他还说服了自己的母亲伊丽莎白女王将白金汉宫变成一座“节能皇宫”。比如在花园内设置地源热井，将地下热水直接输入屋内使用，避免二次循环浪费能源。

施瓦辛格——美国最环保州长

作为美国加州州长，推行环保政策是施瓦辛格的一大作为。他签署了一项强制在加州实行减少温室气体排放的法案，让加利福尼亚州成为美国第一个这么做的州。施瓦辛格在不同场合提倡使用环保能源，开环保汽车等，还批评布什政府对“温室问题”没有作为。他的这些态度让他成为民众眼中最重视环保的美国州长。

通过上面三位名人的所作所为，我们感受到了，环境保护跟国籍、肤色、身份、工作、年龄等都没有关系，生活在地球上的每一个人都有责任去保护环境，保护我们的家——地球！建造“无废城市”就是我们的共同目标，在“无废城市”里过“无废生活”，用我们每一人的实际行动，例如：垃圾减量、垃圾分类、物尽其用、节约节俭、变废为宝等去过我们的“无废生活”！

物尽其用是什么意思呢？尽：全部，指充分发挥。用：用处。物尽其用，意思是各种东西凡有可用之处，都要尽量利用。让各种东西都能充分地发挥它们的功用。通俗而言，就是充分利用资源，一点不浪费。

9.1.5 橘子的物尽其用

伙伴们，看到图 9-5 ~ 图 9-8 了吗？一堆诱人的橘子，经过高科技进行提取，转换成制衣的材料，做成美丽的丝巾和漂亮的衣服。这个创新的想法来自两名意大利女孩 Adriana Santanocito 和 Enrica Arena！

图 9-5　柑橘鲜果

图 9-6　柑橘纤维

图 9-7　柑橘纤维丝巾

图 9-8　柑橘纤维服饰

在意大利这个时尚国度，每年有 70 万吨成为垃圾的柑橘副产品亟待处理，两位设计师在米兰政治学院的合作下创办了柑橘纤维，思考如何可以把柑橘类水果及其副产品变成一种全新的面料，经过漫长的研究与反复试验，最终她们用在柑橘废弃物中提取出的纤维素成功制作出一种柔滑的材料，这种材料可以用于生产任何服装。

伙伴们想一想，这一创新的意义何在？没错，这一创新不仅给需求量日益增长的纤维纺织业提供了机会，并且保护了木材、麻、竹子等自然资源。同时，将柑橘废弃物转化为环保面料的这个创新过程还减少了很多成本和对环境的污染。

两位怀着同样梦想的设计师，用她们自己的技术和热情改变着全世界，他们将柑橘用到极致，没有任何的浪费，橘子不仅让我们可以进食补充维生素，还可以戴在我们的脖子上，穿在我们的身上，这样的丝巾你会送给你的妈妈吗？你认为和其他丝巾相比，它的“奇特”之处又在哪里呢？

9.1.6 陪妈妈一起去购物

※ 活动准备：约上妈妈，选一个周末，跟妈妈去逛街，给妈妈选择一件带有环保材质的衣服。

※ 服装店参考品牌：ZARA、HM、优衣库等大众品牌，见图 9-9 ~ 图 9-12。

图 9-9　ZARA 服装店

图 9-10　HM 服装店

图 9-11　优衣库服装店

图 9-12　无印良品

※ 活动要求：

①用自己的零花钱、跟妈妈绿色出行，不许使用塑料袋。

➢ 你的零花钱来源是哪里？你眼中的钱币作用是什么？你如何看待丰富的物质生活？

➢ 选择购物目的地后，制订绿色出行路线，完成路线图绘制。

➢ 购物离不开购物袋，展示你的购物袋，它的材质是什么的？为什么选择自带购物袋？

②记得留下购买服装的照片及材料照片。

③跟妈妈逛街时，除了给妈妈购买一件环保材质的衣服，观察在购物逛街中有没有其他的绿色生活方式。

➢ 你怎么看待环保材质的衣服?

➢ 你是否了解国内与国外环保衣服材质的种类?

➢ 如果有的环保材质的服饰购买价格会比普通材质的价格要高一些，你还会选择环保材质的服饰吗？为什么?

④写一篇购物心得。所谓心得，是发自你内心的想法与感受的记录。在这次的绿色购物中，你会有很多的绿色行为，回忆以往的购物方式及生活方式对比绿色生活及购物方式，你认为益处是什么？为什么我们现在推行绿色生活方式？这与实现“无废城市”建设的目标又有什么关系呢？通过自己内心的真实想法完成这篇购物心得，内容可以包括:

➢ 为什么购买环保材质的衣服?

➢ 你和妈妈是如何挑选环保材质的衣服的?

➢ 这次购物体验与之前的购物有什么区别?

➢ 为什么我们要提倡绿色购物?

➢ 为什么未来我们要进行绿色生活?

➢ 你心中的“无废城市”是什么样子的，可以用绘画方式展示。

9.2 石头变身记

知识宝藏我来挖

9.2.1 石头及作用

伙伴们，提起石头一定都知道吧。石头，一般指由大岩体遇外力而脱落下来的小型岩体，多依附于大岩体表面，一般成块状或椭圆形，外表有的粗糙，有的光滑，质地坚固、脆硬。石头一般由碳酸钙和二氧化硅组成，可以分成沉积岩、火成岩、变质岩三大类，见图 9-13。

图 9-13 形形色色的石头

石头在我们的生活中用处广泛，可以用来

打火，在几千年前，我们的祖先就是用石头来生火；石头还可以做建筑材料，现代工业很多原材料都是石头：铁矿石、铜矿石、铝矿石……数不胜数。

典型案例

贵州石头寨：原生态布依族风情

从贵州安顺乘车西行到黄果树大瀑布途中，可以看到一栋栋全是石墙石瓦的石屋，整个村寨不见一砖一瓦，房屋四周用石块砌墙，房顶以片石为瓦，院落的墙垣、寨中的通道、村里的小桥、家用的农具，全部是用石头做成， 600 年了还能住人，到了这里仿佛走进“石头王国”，见图 9-14。

踏着青石板铺成的街道进入古寨，如同走进一座石头城堡，充满神秘感。寨子的房屋依托地势呈现出明显的层次感，错落有致，井然有序。石头寨的民居虽然用简陋的石头构成，但是在建造和布局上很有讲究，依山而建的民居地处在两米多高的屋层上，有石砌的台阶由下而上连接，房屋全部用石块建造，只在建造的过程中使用木料辅助。建造后的民居建筑，线条均匀，质地紧密，经久牢固，每当雨后，被雨水冲刷后的房屋光洁整齐。为什么村民会选择用石头做建材呢？原来石头寨依山傍水而建，附近多石山和水层页岩，提供了大量的石料资源，就地取材盖成的这些石屋，不仅造价低廉，节约木料，不怕火灾。而且舒适耐用，冬暖夏凉，隔间性强。特别是不用烧砖瓦，节约土地，节约能源等优点，一直受到许多专家的称赞。

图 9-14　贵州石头寨

另外，对石头进行加工还可以用作美容和做食品的材料，很多我们收藏或者佩戴的工艺品也是由石头加工而成的。伙伴们，石头很神奇吧！

知识链接

神奇的麦饭石

麦饭石（图 9-15）是一种天然的硅酸盐矿物，学名石英二长岩，其主要矿物质是火山岩。麦饭石用水浸泡后，可以溶出钾、钠、钙、镁、硅、锰、钛、磷等人体所必需的近 20 种元素和矿物质，可达到矿泉水的标准。长期饮用或经常用麦饭石矿物水理疗洗浴可增强肌体的免疫功能，提高身体抗感染能力，有健体之效。同时，麦饭石还可以应用于蔬菜水果保鲜、动物养殖、植物栽培、冰箱除臭等。此外，麦饭石还对某些病毒和有害微生物及重金属元素、有机物质具有一定的净化能力。在污水处理、饮水净化与除异味等方面，麦饭石都有效果。

图 9-15　麦饭石和麦饭石杯

9.2.2 石头的神奇“变身”

伙伴们，上面的内容是不是有些不可思议，一个普普通通的石头能为我们人类生活带来这么多的帮助，可以帮助我们养生，可以让我们美容，还可以盖房子等。在“无废城市”里，石头会有更多意想不到的神奇之处。伙伴们，你用过石头做的本子吗？你会惊讶吧！石头能做本子？答案是肯定的，对，是可以的。一块石头是如何制作成本子的呢？见图 9-16。

2010 年两会的会议用纸就是用石头纸做的笔记本。在这之后，石头纸才慢慢开始推广，但相对来说价格昂贵。直到 Elfin Book 的出现，才真正让石头本子变得大众化，见图 9-17。

A.树脂
B.母料 → 共挤 → 压延 → 预热 → 拉伸 → 定型 → 电晕处理 → 涂布
A.树脂

→ 分切 → 收卷 → 检验 → 成品

图 9-16　石头制作笔记本的过程

图 9-17　神奇的 Elfin Book

Elfin Book 的外表看起来是一本再普通不过的B5活页笔记本，长25cm，宽17.6cm，共有40页。纸张原料不是木头，而是石头。相比于木浆纸，石头纸没有添加剂，所以更安全；继承石头特性的材质，防水又耐折；写字顺畅不说，遇水字迹也不会模糊。最重要的是，它可以拯救一片又一片的森林。

同时，这个笔记本还是一本可重复使用的本子，配合可擦笔使用可以重复书写10次，这功能你们第一次听说吧，如果用专门的可擦笔书写，用湿布一擦就没了！可擦笔的墨水在60℃的高温下也会自动消散，用吹风机热风一吹字迹全都消失不见。我的天，这样还能省下好多好多修正液，修正贴，最重要的是超级环保！

咦，不对，那我写的笔记不是全没了。笔记本不就是用来保存笔记的吗？不用担心啊！为了让你的笔记保存起来更不占空间，设计团队为它专门开发了一款专属的 APP。你想要把刚整理的笔记保存，只需要打开 APP，摄像头对着笔记本上的内容，它会自动寻找到本子的边框，你只要按下拍摄键即可，它还能对你保存的笔记图像进行裁剪。

伙伴们，看完以后，是不是特别想体验一下这个本子的神奇之处呢？用这样的本子是不是很酷呢？在用这样的本子帮助我们学习，记录一些我们生活中的点滴的同时，我们也在为环境保护做着自己的努力！这样既能使用又能保护自然资源，减少废旧纸质本的产生，也就减少了垃圾的产生，这就是“无废城市”里的“无废生活”方式！时尚吗？科技吗？绿色吗？

“无废小达人”成长记

9.2.3 地质博物馆参观考察

※ 准备工作：跟家人一起，预约时间、绿色出行。

※ 参观地点：当地地质博物馆。

知识链接

中国地质博物馆

中国地质博物馆（图 9-18）建筑面积 11000 平方米，展览面积 4500 平方米，馆藏标本 20 万件，是亚洲规模最大的地学博物馆。馆内按照地球圈层结构布置了地球厅、矿物岩石厅、宝石厅、史前生物厅以及国土资源厅 5 个基本陈列展厅。其中“岩石矿物宝石陈列”荣获第六届全国博物馆十大陈列展览“精品奖”。展厅内不仅展示了数以万计的矿物、岩石、宝石、化石精品，陈列内容更加关注人类的生存环境和生存质量，采用数字化、仿生、虚拟现实等技术，为观众营造了浓郁的科学氛围。

图 9-18　中国地质博物馆

※ 参观目的与要求：了解地质知识。参观过程中需要认真记录相关知识及拍照。

※ 参观结束后，写一篇观后感：地质是生态环境的重要基础部分，与人类可持续发展息息相关；通过参观实践，让我们掌握了很多有关地质的知识，大家可以根据下面的提示完成这篇观后感。

①学到的相关知识：

➢ 关于各种不同地质形成的相关原因。

➢ 你了解到的各种矿石的品类与特性。

➢ 你了解到了几种宝石呢？

➢ 你怎么理解我们的国有资源呢？它们是什么？

②通过参观，你对地质与自然的理解和认识：

➢ 你认为地质与自然的关系是什么？

➢ 地质的变化对自然的影响是什么呢？

③作为学生的你，通过参观实践学习，了解了相关地质自然知识后，结合之前内容的学习，现在你对"无废城市"的"无废生活"与之前的认识有什么不同和改变：

➢ "无废城市"的"无废生活"你能坚持吗？为什么呢？

➢ 为什么我们要建成"无废城市"？

④我们作为学生，在日常生活中采取些什么行动来保护我们现有的大自然：

➢ 我们对大自然的态度应该是什么？

➢ 虽然我们是个小小的社会公民，但我们也有责任来保护身处的大自然，你认为你的责任应是什么呢？

➢ 在日常生活中，我们应该养成什么好习惯，日积月累持之以恒为环境保护做些我们力所能及的事情？

9.3 神奇的鞋子

知识宝藏我来挖

小伙伴们都拥有各种品类的鞋子，如靴子、棉鞋、运动鞋、凉鞋、休闲鞋等。各种各样的鞋子，有皮质的，有合成革质的，有帆布的等。伙伴们，你了解鞋子吗？图 9-19 这些都是日常生活中人们会穿到的鞋子的品类。

图 9-19 现代各品类的鞋子

随着人类文明的不断发展，鞋子也不断发生变化，它们变得更安全、更舒适、更轻便、更实用、更美观等。几百年前，我们人类穿什么样的鞋子呢？你们好奇吗？我们先来了解一下鞋的历史。

9.3.1 鞋的历史

伙伴们，你们知道吗，在上古时期，人是不会穿鞋子的，也没有穿鞋这个概念。因为那时候，人们连衣服都不穿，更别说鞋子了。远古时期的人们靠打猎为生，需要在荒野里奔跑和狩猎。要知道，脚底是很脆软的，有很多穴位，一不小心可能会带来生命威胁。没有鞋子保护脚，为了适应生存环境，人们的脚底就会长许多的茧，又厚又硬，牢牢地护住人的脚底。但是生活在荒野，碰撞是少不了的，在生活中我们也知道偶然撞到一下有多痛，于是聪明的人类学会了用兽皮或者植物包裹住脚，这就是鞋子的初级形态。

在殷商时期，由于丝织技术逐渐被掌握，所以人们除了穿兽皮做的鞋子之外，还会穿麻鞋和丝织鞋，但是这都是当时贵族才享有的，当时平民穿的都是草鞋。随着礼制制度的出现，人们越来越在乎形象。到周天子时期，相关衣着方面已经有了完善的要求，因此鞋子也成了必不可少的一部分。而皮鞋是当时最流行的鞋子，见图 9-20。当时的皮鞋制作精美，上面不仅有花纹，还有镶嵌宝石等，象征着地位。在春秋战国时期最早的革出现了。

汉代出现的布锦鞋是当时最流行的鞋子，使鞋子变得更加轻快，加上花纹则更加美观。魏晋时期出现了木屐，著名的是谢公屐，见图 9-21。

隋唐时期又出现了用粗麻编制的麻鞋。因为材质便宜容易制作，穿起来

图 9-20 春秋时期的“皮靴”

图 9-21 谢公屐

又方便，深受百姓的喜爱。宋辽时期比较流行皮鞋。明清时期手工业发达，棉麻技术已经趋于成熟，鞋子的款式就更多了。清代的时候由于满族人当权，满族贵族女子需要穿旗袍。当时的旗袍又长又宽，不利于行走，于是就在鞋底加了一层高底，犹如花瓶般，所以就叫“花盆底鞋”，又称为“马蹄鞋”，见图 9-22。

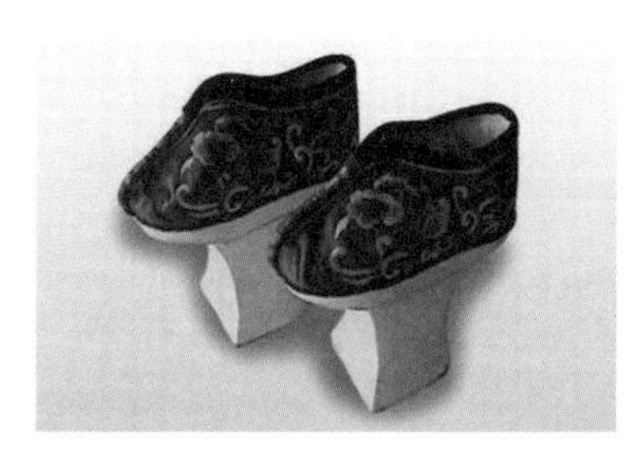
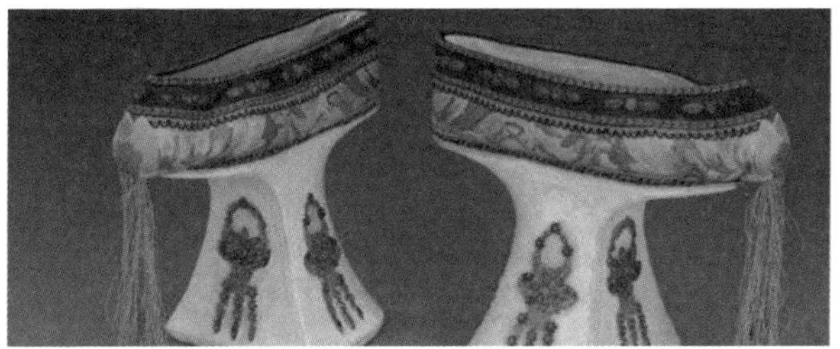

图 9-22　花盆底鞋

近代到现代的鞋子就不用说了，胶鞋、皮鞋、皮靴、帆布鞋等，各种名牌，各种款式应有尽有！

伙伴们，看了上面的内容，我们是不是对鞋子的历史有所了解了呢？目前我们的鞋是由哪些部分组成的呢？见图 9-23 的鞋子结构图。

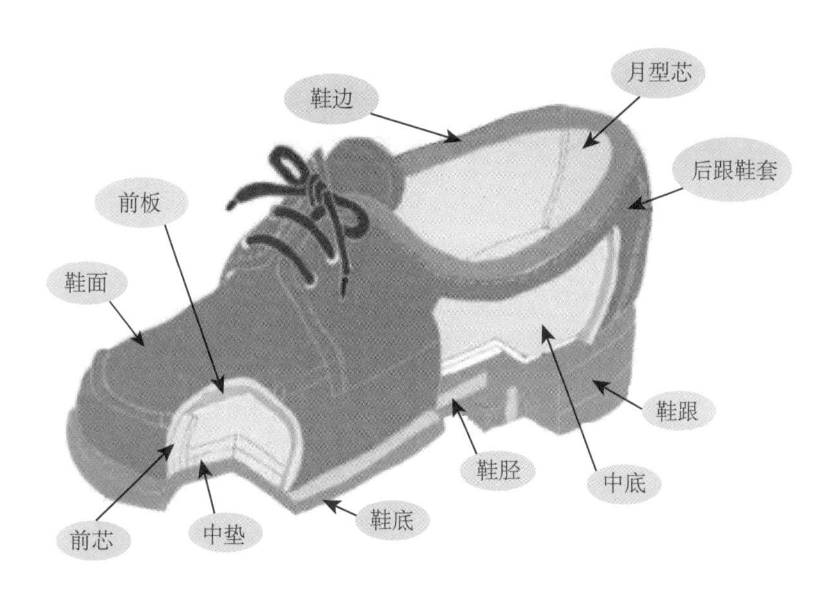

图 9-23　鞋子结构图

了解了鞋子的历史和结构，那小伙伴们平时挑选一双鞋子的时候会考虑哪些因素呢？品牌、款式、还是材质呢？你们了解鞋子的材质吗？

9.3.2 鞋子的材质

鞋子材质面料有哪些？所有制作鞋面的材料统称为革，革分为天然皮革及人造革两大类。

9.3.2.1 天然皮革的分类

①牛皮：分为黄牛皮、水牛皮等，一般黄牛皮的强度优于水牛皮。根据牛的年龄牛皮又可分为胎牛皮、小牛皮、中牛皮、大牛皮，一般牛的年龄越小皮的价格越贵，档次越高，但并不代表价格越高，皮质强度越好。牛皮一般又可分为头层和二层，头层一般用于制作皮鞋鞋面，二层一般用于制作运动鞋、皮鞋的垫脚。头层牛皮的价格远远高于二层牛皮的价格。

②羊皮：分为绵羊皮、山羊皮两大类。一般山羊皮牢度优于绵羊皮，而柔软度及穿着舒适性绵羊皮优于山羊皮。

③猪皮：一般在鞋面当中用得较少，在童鞋中相对较多，猪皮价格较低，一般在成人鞋当中用于制作里皮。猪皮一般有头层和二层之分，头层强度较好，二层强度较差，但头层的价格比二层贵大约五倍。

④其他动物皮：例如鳄鱼皮、袋鼠皮、鹿皮、蜥蜴皮、蛇皮、珍珠鱼皮、鸵鸟身皮、鸵鸟脚皮、青蛙皮，以上动物皮由于皮源稀少，所以制作的鞋往往价格较高，但不代表这些皮料在穿着的牢度方面很好。

9.3.2.2 人造革的分类

一般由人工合成用于制作鞋子的面料，统称为人造革。通俗的认为天然皮革之外的鞋子面料都为人造革面料。

在上述的内容中，伙伴们有没有发现，很多动物的皮革都被用来做鞋了，还有些被用来做包包和各种皮具了，而其中还有很多是珍稀物种，你们有什么感受？大家一定心里会很痛，想着那些动物的眼泪！我们都知道动物是人类的朋友，是整个生态系统中不可缺失的一部分，假设自然界中的动物消失了，会是什么样子呢？

人类是目前地球上最强的生物存在，如果用金字塔来比拟的话，人类无疑就是金字塔的最顶端，但是顶端之下也有很多的生物存在，所有生物共同组成完整的生态系统，它们之间是相互联系的，例如一只小小的蚯蚓，它可以帮人类疏松土壤，调节土壤的成分，让上面生活的植物生长更加旺盛。蚯蚓体内有丰富的蛋白质，是家禽、家畜等的美味佳肴。蚯蚓还有分解树叶、稻草、生活垃圾等的特殊本领，绝对是一号环保专家，更是生态系统中必要的组成部分。如果自然界的生物物种消失，对人类来说也意味着一场巨大的灾难！

9.3.3 动物与自然界及人类的关系

自然界中的动物和植物在长期生存与发展的过程中，形成了相互适应、相互依存的关系，见图 9-24。植物可以为各种动物制造营养物质，并提供栖息场所；动物能帮助植物传播花粉和种子，为植物的繁衍作出巨大贡献。例如，很多伙伴喜欢美丽的花朵，它的繁衍就需要蜜蜂和小鸟儿等动物帮助传粉；同时这些辛勤的动物也能得到回报，那就是——花蜜。

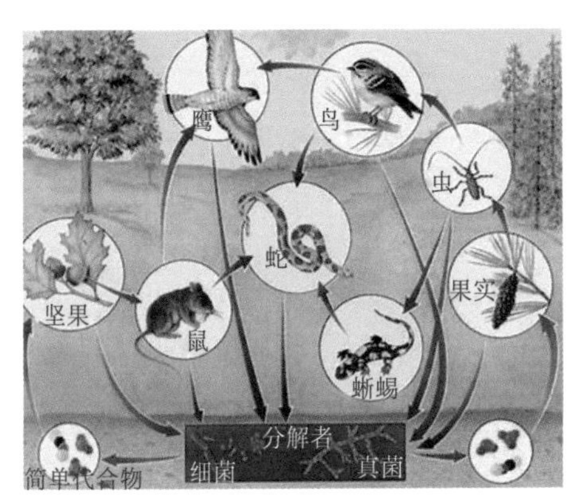

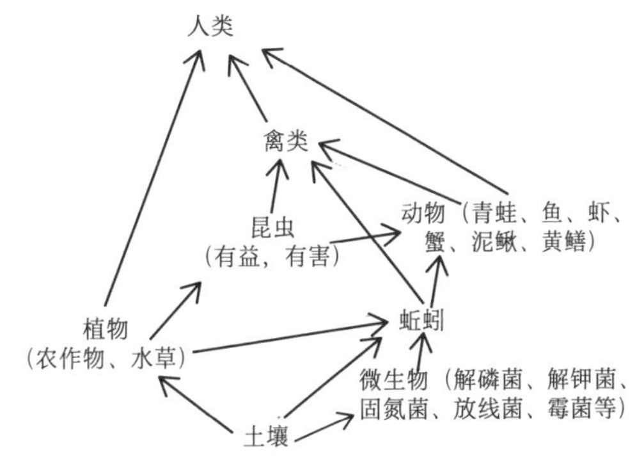

图 9-24 自然界中的生物链

同样，动物也在为人类的生存发展发挥着重要的作用，伙伴们肯定听说过在以前科技不发达的时候，牛帮人们耕耘，老黄牛负责旱地，大水牛负责水田。在生活中很多小伙伴们养了汪星人、喵星人、鹦鹉、蜥蜴、小乌龟等，它们给我们的生活带来很多的快乐与陪伴，同时它们也感受到了来自人类的关爱与陪伴。

想到这和谐美好的画面，相信很多小伙伴已经感受到了，动物是自然界的重要物种，也是我们人类最好的朋友！现在我们会听到或看到很多关于保护动物，爱护小动物的影片、视频、文章、新闻等，我们人类与自然离不开动物朋友！所以我们需要与它们和谐共生，这才是人类可持续发展的基础。现在我们要创建“无废城市”，过一种新的“无废生活”，就是用我们人类的科技、文明行为等让我们的生存环境更加健康、绿色、和谐，让人类文明能健康顺利的发展！

9.3.4 用鱼皮制作的鞋子

伙伴们，上面我们从鞋子谈到动物，让我们感受到，在人类生活中离不开动物，比如餐桌上、生活中、自然中。我们为了减少对动物的伤害，发起了保护动物的各种行动！在时尚行业里，也有很多爱护动物的行动，比如拒

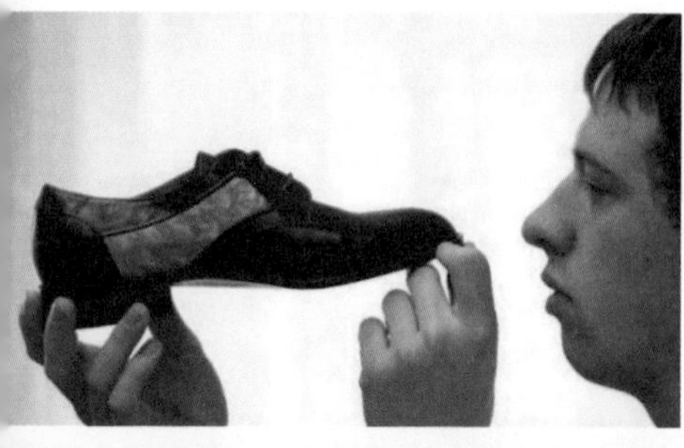

图 9-25　鱼皮鞋及制作

绝皮草；拒绝珍稀动物皮质的皮具等。

我们刚才提到，人们每天都离不开鞋子，我们经常会穿到牛皮、羊皮、猪皮、鸵鸟皮、鳄鱼皮等制作的鞋子。现在我们不提倡使用鸵鸟皮、鳄鱼皮等珍稀动物的皮，我们也在减少牛皮、羊皮等的使用，那今后我们的皮鞋还会有吗？会的，会有很多其他皮质的鞋出现在我们的生活里，例如鱼皮鞋，听说过吗？当然不是鳄鱼皮，是我们人类经常食用的几种鱼。

德国巴伐利亚首府慕尼黑附近有一家鞋店，从外表上看很普通，但这里的鞋子却价格不菲。弗洛里安·科佩茨（Florian Koppitz）和迈克尔·科佩茨（Michael Koppitz）两兄弟所制作的手工订制鱼皮鞋，起价就要 1000 多欧元。这些设计独特的鱼皮鞋，只需使用鱼货行业的边角料，并不需要为此宰杀鱼类，见图 9-25。Shoe Koppitz 店主鞋匠 Florian Koppitz 介绍，“鱼皮鞋很独特，需要三天到一周才能完成一双鞋，我们每年生产 45 双左右。” 两兄弟已经是家族产业的第五代继承人，他们使用的鱼皮有多种，包括鲶鱼、鲑鱼和鲤鱼等。独特的鱼皮可以做出完美的高品质鞋子，但是制作工艺复杂，制作前的准备工作就需要好几道工序。Florian Koppitz 介绍，“鱼皮必须经过鞣制，和传统皮革，比如小牛皮或绵羊皮相似。然后染出更一致的颜色。做起来不是很简单，因为鱼皮小而且各不相同。处理过程更复杂。” 几年前，两人开始从网上订购鱼皮，如今对这种细腻的材质，已经积攒了丰富的经验。他们因为这项创新，在 2015 年获得了著名的巴伐利亚奖。Florian Koppitz 介绍，“最特别的是每一双鞋看起来都独具特色，制作鞋子使用的每块鱼皮也完全不同。而且很耐用，如果保养得好，可以穿 20 年，很值了。”

随着人们无废理念及科技水平的不断提高，相信在未来的生活里，会有很多这样让我们意想不到的高级环保用品！不仅为我们人类提供生活所需，还充满时尚色彩，而且是将环保理念用到极致！人类需要用智慧来减少对环境的破坏！

“无废小达人”成长记

9.3.5 去大自然寻找人类的朋友

※ 准备工作：与家人一起，自带垃圾袋，绿色出行。

※ 活动目的：了解动物与自然的关系，感受自然界中小动物与我们人类的距离；学习环保知识。

※ 活动地点：各地动物园、动物保护基地等，例如图 9-26。

图 9-26 北京市大兴区南海子公园

※ 参观体验活动需要完成以下任务：

①寻找不同动物并拍下照片。

②寻找参观场所中体现动物保护的相关内容，并做记录。

➢ 你认为为什么会有动物保护的内容提示?

➢ 这些提示对你的触动是什么?

③在自然界中感受与思考人类与小动物和谐相处。

➢ 为什么我们人类要与自然界的动物成为朋友呢?

➢ 动物朋友们对人类可持续发展的重要性体现在哪些方面?

④与家人一起讨论此次参观实践的亲身感受，并做会议记录。

➢ 这次出行前，家里每一个人对动物与自然的看法是什么?

➢ 这次出行后，怎么看待人类与动物和谐共生这个理念?

➢ 为什么会在认识上有所改变呢?

⑤ 在家人的帮助与引导下，做一个这次参观实践的抖音视频，并与其他伙伴们分享。

图 9-27 可爱的大象

9.4 大象便便在手里

知识宝藏我来挖

伙伴们，看到《大象便便在手里》这个标题，首先你会下意识地捂住自己的鼻子吧，因为说到“便便”首先我们会想到臭、恶心，这是很正常的反应！为什么我们要说到“便便”呢？我先埋个小包袱，你先思考着……

9.4.1 大象——人类的朋友

据史料记载，大象很早就成了人类的朋友，并能为人类提供帮助，见图 9-27。大象非常聪明，能开辟场地，还能把死去的同伴安埋在落叶枯枝之中。大象寿命很长，一般能活到 70 岁左右，它在 10 ~ 15 岁性成熟，怀孕期长达 22 个月。大象分布极广，大约在四千万年以前，除了大洋洲和南极洲以外，各洲都有它的足迹，现在主要有亚洲象和非洲象两大类。亚洲象历史上曾广泛分布于中国长江以南的南亚和东南亚地区，现分布范围已缩小，主要产于印度、泰国、柬埔寨、越南等国。中国云南省西双版纳地区也有小的野生种群。非洲象则广泛分布于整个撒哈拉以南非洲大陆（北非的亚种于19世纪初期左右全部灭绝）。大象栖息于多种生境，尤喜丛林、草原和河谷地带。亚洲象是列入《国际濒危物种贸易公约》濒危物种之一的动物，也是我国一级野生保护动物，我国境内现仅存300余头。

知识链接

大象王国——泰国

走进泰国，就如同走进了一个大象之国，见图9-28。在泰国各旅游景点，人们喜欢穿着印有大象图案的T恤；在夜市上，木雕大象、象皮皮具和印有大象图案的手提包和靠垫最受游客青睐。如果要喝地道的泰国啤酒，只要说“Chang”（泰语，意为“大象”），店家就会送上香甜醇厚的大象牌啤酒。在清迈，一位泰国女孩将她的画作赠予了来自中国的朋友：一头小象和一只熊猫环臂相拥，用来象征泰中友谊。

大象与佛教相关，是很多佛教故事和传说中的主角，大象又是泰国历史上身经百战的“功臣”。如同中国古代将领身骑战马冲锋陷阵，泰国古代战将大都骑着大象驰骋沙场。传说在历史上，泰国皇家军队中曾有2000只训练有素的战象，连国王出巡都是骑着大象。在泰国曼谷的大皇宫展出的一个3米多高的御象台，就是专供国王乘象而设立的。东南亚历史上几次著名战役也与大象有关，一位泰国历史学家曾说：如果没有大象，泰国的历史可能要重写。

图9-28　泰国大象

图 9-29　大象表演

图 9-29 的大象表演，相信很多小伙伴们在动物园、公园或从视频、杂志上都看到过，大象在驯兽师的指挥下，给我们人类进行着表演。但你们有没有思考过，我们在观赏感叹取乐的同时，大象承受着什么呢？亚洲象的智商很高，性情也温顺憨厚，非常容易驯化。东南亚和南亚很多国家（尤其是泰国和印度）的公民都驯养它们用来骑乘、服劳役和表演等。表演、骑乘和劳役的训练过程往往十分残酷，驯兽师使用尖利的象钩和持续的殴打摧毁它们的意志，迫使它们屈服。这一过程会对它们的生理和心理造成不可逆的伤害，因此用于表演、骑乘和劳役的亚洲象往往存在严重的行为异常。看到这些对大象的伤害，我们是不是不愿意再看到它们的表演了呢？没错，现在为了保护大象，很多国家和地区已经取缔了大象表演这个行为和发起拒绝观看大象表演的倡议。大象不仅是人类的朋友，在生活中是我们的坐骑，带我们爬山跋水，它身上还有很多宝贝可为人类所用，如它的皮可以做皮具等，当然现在也不准捕杀大象进行皮具制作了。甚至连它的便便也可以利用。

9.4.2 探秘“大象的便便”

图 9-30　大象便便

伙伴们，图 9-30 中你们看到了什么？没错，大象的便便。大象是陆地上最大的动物，又是一个实打实的“素食主义者”，一头大象每天大概要消耗 200 千克左右的食物，大部分是草、树枝、树叶和树皮。但大象的消化系统却没有那么高效率，它吃进去的食物大概只有 40% 被吸收。剩下的食物残渣就成了粪便，所以大象一天可以排便 16 ~ 18 次，产生 100 千克左右的粪便。这些粪便里依然含有很多营养。

大象粪便中有很多未被完全消化的树叶、植物等，很适合用来堆肥，种植新的植物；而晒干的大象粪便，在非洲被人们点燃用来驱赶蚊子，或者当作生火的燃料，即使燃烧也对大自然无伤害。此外，大象粪便中富含植物纤维，因此在一些地区，人们会利用大象的粪便来造纸，将其过滤、打浆、脱水、烘干、压光之后，一张张纸就做成了。利用大象粪便进行造纸。不仅可以废物再利用，也减少了人对树木的乱砍滥伐。

Maximus 生态公司是斯里兰卡第一家大象“粪纸”的生产商。公司最初的办公地紧邻“千禧大象基金会”，小镇上还有全世界第一家“大象孤儿院”，收留了数十头与象群失散的大象。正因为如此，这家以废旧纸张、稻秆、肉桂、香蕉皮等为原材料的再生能源造纸企业将目光锁定在大象身上。加工象粪纸的原料 75% 为大象粪便，其余则是废旧纸材，10 千克左右的象粪能生产 600 ~ 660 张 A4 纸，每 6 张 A4 纸的出厂价为 50 美分。

新鲜的大象粪便呈半固态，绿色，有刺激性气味。首先，新鲜的大象粪便要经过热带阳光的炙烤干燥。在除去大部分水分后，大象粪便的刺激性气味也随之消失了。

接下来的一道工序是将干燥后的大象粪便放入蒸汽锅炉中蒸煮，这个过程大概需要一个小时，这样处理的目的主要是为了灭菌，以保证后续工作人员的健康和成品纸张的安全。

随后，工人会把蒸煮过的大象粪便转移到一个巨大的“水箱”中，这个“水箱”也被称为打浆机。在这里，大象粪便被制成纸浆。同时为了增加纸张的纤维质地以便令其适合绘画，工人还会添加一部分由废纸制成的纸浆到打浆机中与大象粪便混合。在废纸纸浆与大象粪便的混合过程中，工人还会视具体情况加入一些制剂以调节纸浆的各项指标使其最终达到成品纸张要求。

在造纸的最后一步中，工人会把纸浆倒在一个个标准尺寸的薄金属网上，经过特殊机器的挤压后一张原料是大象粪便的规格为 150 克每平方米的书写纸就制成了，见图 9-31。Maximus 生态公司如今已经发展出笔记本、贺卡、纸盒、纸袋等一系列象粪纸制品，还可根据客户需求改变纸质的颜色、厚度和香气。目前，象粪纸产品 90% 出口海外，远销日本、欧洲和美国等地。

大象粪便变成纸的过程已经完成了，尽管制造流程比较简单，成品纸张

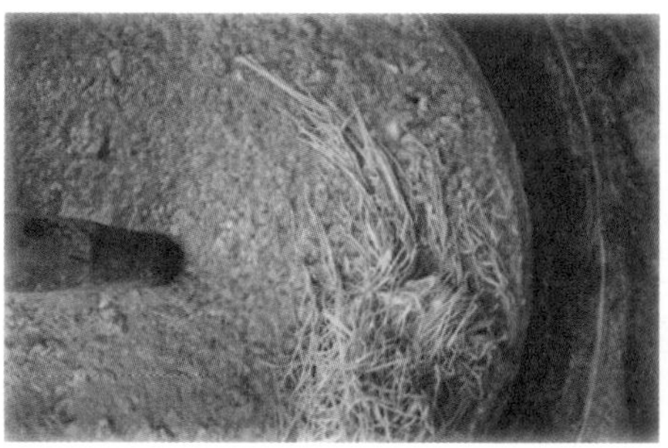

图 9-31

图 9-31 “大象便便”纸张的生产

也有些粗糙，但是整个过程却蕴涵着对生态环保的思考和对未来的呵护。

如今，不少斯里兰卡政要和商人在与外国客人见面时，会很客气地呈上一张名片，并特意强调我的名片是由大象的粪便制成的。闻一闻，非但不臭，反而有一种淡淡的清香，斯里兰卡的大象孤儿院曾为堆积如山的大象粪便头疼不已，而如今，这些大象粪便被造成精美的“象粪纸”，并成为斯里兰卡的国礼。

伙伴们，神奇吗？不止大象的便便能做纸张，其他动物的便便也可以哟，总之，我们人类现在行动起来了，用各种科技与创新，保护地球的环境，保护我们的资源！

知识链接

2022 年北京冬奥会的可降解环保餐具

2022 北京冬奥赛区上万人的一日三餐，需要用到包括一次性的刀、叉、勺、吸管，可重复使用的餐盘、碗碟、杯子、筷子、勺子等 28 类。来自安徽蚌埠的丰原生物技术股份有限公司提供了其中的可降解环保餐具，原材料为聚乳酸（PLA），源自玉米、秸秆等生物质原料，见图 9-32。

图 9-32 可降解环保餐具

9.4.3 亲密接触人类的伙伴

※ 准备工作: 邀请家人一起参与, 选择目的地, 制订参观目的, 绿色出行。

※ 参观推荐地: 当地自然博物馆、动物博物馆等, 见图 9-33 和图 9-34。

※ 认真参观并做好记录, 参观完成后, 思考以下问题, 并和你的家人或朋友进行分享。

图 9-33 国家动物博物馆

图 9-34 北京自然博物馆

①你们怎么出行的? 参与人员是谁?

➢ 为什么选择绿色出行?

➢ 绿色出行对自然环境保护有什么作用?

②参观目的是什么?

➢ 参观目的地是哪里？选择的理由是什么?

➢ 你参观的主要目标是什么?

③通过参观你认为动物, 一切生物与我们人类的关系是什么?

④我们人类与一切生物该如何共存? 怎么共存呢?

⑤馆内的垃圾分类容器摆放是怎样的? 附照片。

➢ 你了解垃圾分类吗? 从哪里了解的?

➢ 为什么我们要做垃圾分类? 做垃圾分类对自然界的生物有什么好处呢?

⑥馆内还有与垃圾减量有关的提示或海报宣传吗?

➢ 你怎么理解垃圾减量?

➢ 在日常生活中如何做到垃圾减量?

➢ 你会坚持吗? 坚持不了的原因是什么?

⑦你在馆内发现有乱丢垃圾及不讲文明的行为发生吗? 如大声喧哗，不按分类要求投放垃圾，乱摸标本，室内乱跑，使用卫生间不耐心排队等。如果有以上某个现象发生，你怎么看待这样的事情? 如果没有上述现象发生，你认为现在人们的文明素养是怎样的?

⑧现在听到太多的无废、低碳、环保的字眼，作为你来说，你认为在未来“无废城市”里，该养成什么样的生活习惯呢?

9.5 塑料瓶大变身

知识宝藏我来挖

伙伴们，在“无废学校”的章节中，我们已经学习了一些关于塑料的知识，也知道了一些塑料制品经过回收可以再次利用。本节将带领我们再次深入探秘塑料，深入了解塑料在我们人类生活各领域以什么样的形式存在和使用! 我们知道塑料瓶可以变身成衣服、书包等，那它是怎么变的呢? 我们一起从下面的字里行间寻找答案吧!

9.5.1 塑料与人类生活的关系

在人类社会现代化进程中，塑料材料（图 9-35）起着至关重要的作用。“塑料”的字面意思，就是可以轻松塑形的材料。因为特殊的化学性质，制作塑料的搭配组合千变万化，塑料的面貌也就多到你想不到。塑料的主要成分是树脂。树脂是指尚未和各种添加剂混合的高分子化合物。塑料的应用广泛，但众所周知，它却是一把双刃剑，既可造福人类，又要消耗资源，还可能产生环境污染。因此，塑料应使用在最需要的地方，用其所长，扬长避短，物尽其用，循环再生。我们看看塑料在我们日常生活中是怎么存在的，给我们人类生活提供着怎样的服务。

图 9-35　塑料颗粒

9.5.2 塑料在人类生活中的应用

伙伴们应该熟悉，目前塑料已被广泛应用于农业、工业、建筑、包装以及人们日常生活的各个领域。

> 没有任何材料能像塑料一样，让设计师和发明家们以非常低廉的成本，完成自己的发明创造。
>
> ——英国塑料联盟回收委员会主席 Colin Williamson

农业：大量塑料被用于制造地膜、育秧薄膜、大棚膜、排灌管道、渔网和养殖浮标等，见图9-36。

工业：电气和电子工业广泛使用塑料制作绝缘材料和封装材料；在机械工业中用塑料制作齿轮、轴瓦及许多零部件代替金属，见图9-37。

在化学工业中用塑料制作各种容器及其他防腐材料，见图9-38。

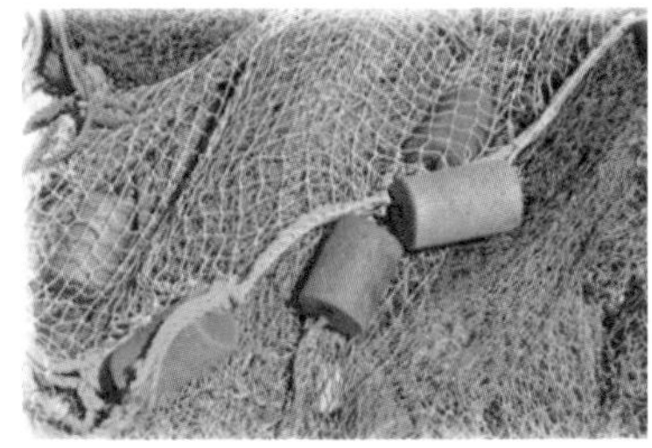

图9-36　塑料用于农业

图9-37　塑料用于工业

图9-38　塑料用于化学工业

在建筑工业中塑料用作生产门窗、楼梯扶手、地砖、天花板、隔热隔声板、落水管、装饰板和卫生洁具等，见图9-39。

国防工业：无论常规武器、飞机、舰艇，还是火箭、导弹、人造卫星等领域，塑料都是必不可少的材料。

在日常生活中，塑料应用更为广泛，如雨衣、牙刷、塑料袋、保鲜膜等，在家电工业上，电视机、电风扇等很多产品也广泛使用塑料，见图9-40。

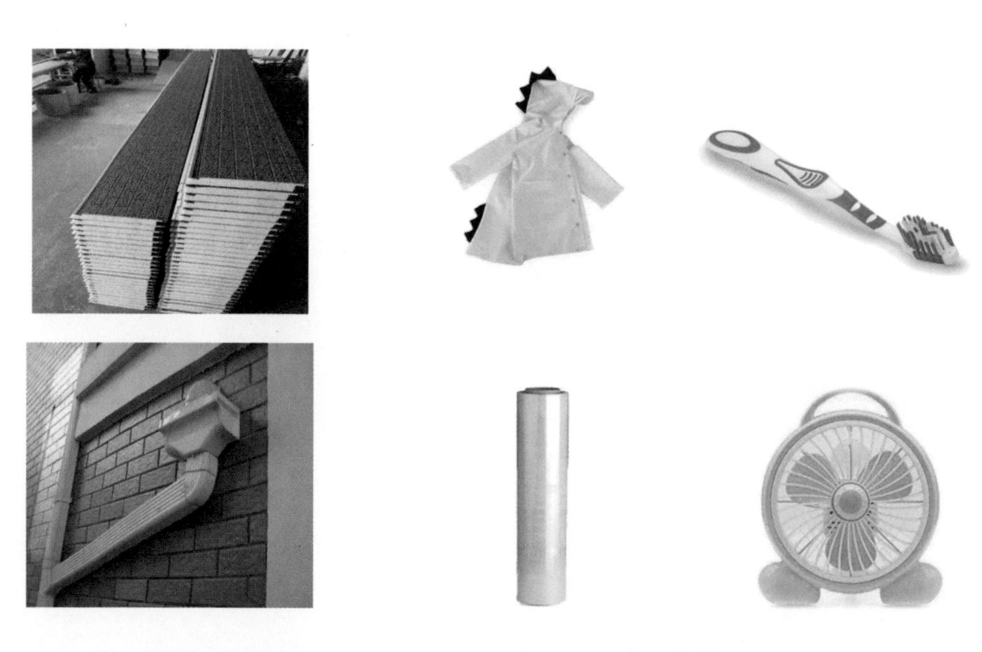

图9-39　塑料用于建筑工业　　图9-40　生活中的塑料制品

此外，塑料在包装领域中已获得广泛应用，例如各种中空容器、注塑容器、瓦楞箱、捆扎绳、打包带等，见图9-41。医学上也有许多医学仪器、医用品都有塑料的踪影。

图9-41　各种塑料包装

从上面的内容我们了解到，塑料制品在我们生活中起着不同的作用。有的小伙伴会问了，塑料的寿命有多长呢？答案是：200 ~ 400 年。塑料在自然界可以停留这么长时间，对环境的污染非常严重。现在生活中，很多大型超市使用的环保型可降解塑料袋在自然界中的保存时间至少也是十年。说到这里，相信很多伙伴们都听说过一个词：白色污染！

9.5.3 白色污染

9.5.3.1 什么是“白色污染”

所谓“白色污染”，是人们对塑料垃圾污染环境的一种形象称谓。它是指用聚苯乙烯、聚丙烯、聚氯乙烯等高分子化合物制成的各类生活塑料制品使用后被弃置成为固体废弃物，由于随意乱丢乱扔并且难于降解处理，以致造成城市环境严重污染的现象，见图 9-42 和图 9-43。

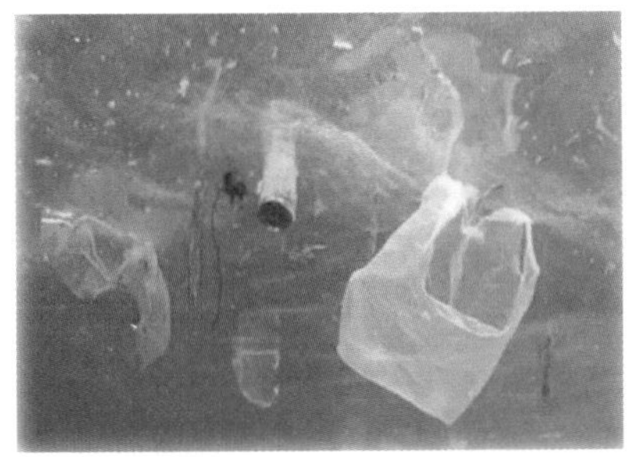
图 9-42 海洋中的“白色污染”

图 9-43 被垃圾包围的土地

9.5.3.2 “白色污染”的危害性

看到上面的图片，伙伴们可能就对所谓的“白色污染”有了直观的了解，“白色污染”的危害有哪些呢？

第一，侵占土地过多。前面我们介绍过，塑料类垃圾在自然界停留的时间很长，一般可达 200 ~ 400 年，有的可达 500 年。

第二，污染空气。塑料、纸屑和粉尘随风飞扬，见图 9-44 和图 9-45。

图 9-44 焚烧过程中的垃圾

图 9-45 空中飘飞的塑料袋

第三，污染水体。河、海水面上漂着的塑料瓶和饭盒，水面上方树枝上挂着的塑料袋、面包纸等，不仅造成环境污染，而且如果动物误食了白色垃圾会伤及健康，甚至会因其在消化道中无法消化而活活饿死，见图 9-46。

第四，火灾隐患。白色垃圾几乎都是可燃物，在天然堆放过程中会产生甲烷等可燃气，遇明火或自燃易引起的火灾事故不断发生，时常造成重大损失，见图 9-47。

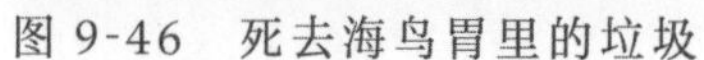

图 9-46　死去海鸟胃里的垃圾

图 9-47　白色垃圾是火灾的隐患

第五，白色垃圾可能成为有害生物的巢穴，它们能为老鼠、鸟类及蚊蝇提供食物、栖息和繁殖的场所，而其中的残留物也常常是传染疾病的根源。

第六，废旧塑料包装物进入环境后，由于其很难降解，还会造成长期的、深层次的生态环境问题。首先，废旧塑料包装物混在土壤中，影响农作物吸收养分和水分，将导致农作物减产；其次，若牲畜吃了塑料膜，会引起牲畜的消化道疾病，甚至死亡，见图 9-48 和图 9-49。

图 9-48　羊群在垃圾堆中寻找食物

图 9-49　被垃圾污染后的小动物们

第七，因为体积大，所以填埋之处会滋生细菌，污染地下水。

知识链接

我国是世界上十大塑料制品生产和消费国之一，2020 年中国塑料制品产量为 7603.2 万吨，“白色污染”日益严重。据中国塑料协会塑料再生利用专业委员会统计，我国每天使用塑料袋约 30 亿个。截止到 2019 年塑料袋年使用量超过了 400 万吨，外卖和快递正在加剧这一问题。据统计，中国快递塑料包装每年消耗量约为 180 万吨，外卖塑料包装约为 50 万吨。

9.5.4 塑料瓶与塑料袋

说到塑料瓶，很多伙伴直接就会想到每天出现在我们生活中的矿泉水瓶、饮料瓶等；当然还有一个物品——塑料袋，会时刻出现在我们的生活中，超市中、菜市场中经常见到，我们每一个人都使用过。可是这两样物品，在垃圾分类中，塑料瓶属于可回收物；使用过后的塑料袋则属于其他垃圾，这是为什么呢？很多伙伴会纳闷，为什么塑料袋就不能回收呢？

9.5.4.1 塑料袋为什么不属于“可回收物”

目前，大多数塑料袋都是用聚乙烯和聚氯乙烯为原料加工而成，属于不可降解塑料，基本不再有循环利用的价值，其中一些还含有增塑剂、邻苯二甲酸酯等环境激素，如遇高温会起化学反应，从而产生对人体有害的物质。而且废弃塑料袋上的残留物、污染物很难清除，分解过程中可能会堵住回收流水线，分解出来的物质也会含有很多杂质，导致回收成本较高，所以我们要将塑料袋作为“其他垃圾”进行分类投放，后期进行焚烧无害化处理。建议小伙伴们今后一定要常备环保购物袋，养成习惯，以减少使用塑料袋，减少对环境的污染。

9.5.4.2 塑料瓶

塑料瓶（见图 9-50）的制造材料一般是食品级 PET（聚对苯二甲酸乙二醇酯），回收后的 PET 塑料瓶经过一系列的再制造流程，一部分被重新做成塑料，还有一部分可以变成再生聚酯纤维，最终制成衣服、地毯等。原来是这样，那就让我们一起了解一下塑料瓶大变身为涤纶纤维的过程吧！

图 9-50 废弃塑料瓶

第一步，清洗（图 9-51）。

图 9-51 清洗过程中的塑料瓶

第一遍清洗，目的是使瓶身与瓶盖分离；第二遍用烧碱浸泡，目的是让塑料片上粘着的标签掉下来。经过两遍清洗以后，塑料瓶变得很干净，可以满足后续制成纤维的要求。

第二步，粉碎。可回收塑料瓶经过收集粉碎，运输到加工工厂，工人们会将透明塑料和有色塑料分离，再在塑料粉碎生产线进行粉碎处理。粉碎处置是塑料“变身”纺织品过程中必不可缺的步骤之一。塑料瓶各种各样，大小不一，必须将其粉碎成一定大小的小块物料（图 9-52），才能进一步进行再生加工。塑料粉碎机设备利用刀具之间相互剪切、撕裂、挤压的工作原理，将大小不一的塑料制品切变成一定大小的小块物料，节省储存、运输空间，便于废塑料物料进行再生加工或进一步模塑成型制成各种再生制品。

图 9-52　破碎后的塑料制品

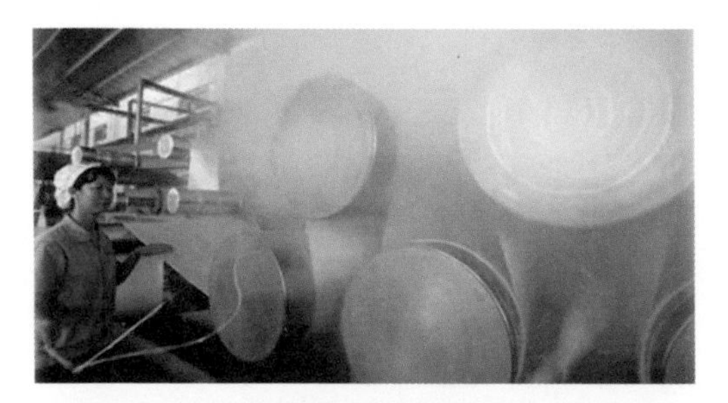

图 9-53　拉丝中

第三步，加热融化、拉丝（图 9-53）。纺丝时，首先将塑料片的水分烘干，然后再将其在 270℃下熔融，由螺杆挤出机挤出并冷却后成丝，一般包括短纤和长丝两种。短纤经过纺纱、长丝经过变形等加工后即可进入织造工序。织造的方式一般分为机织和针织两种。

第四步，染色、塑型。需要经过染色后整理、塑型等各项工序，布料就变成手感柔软的可用来做服装的面料和生活所需的物品，见图 9-54 和图 9-55。

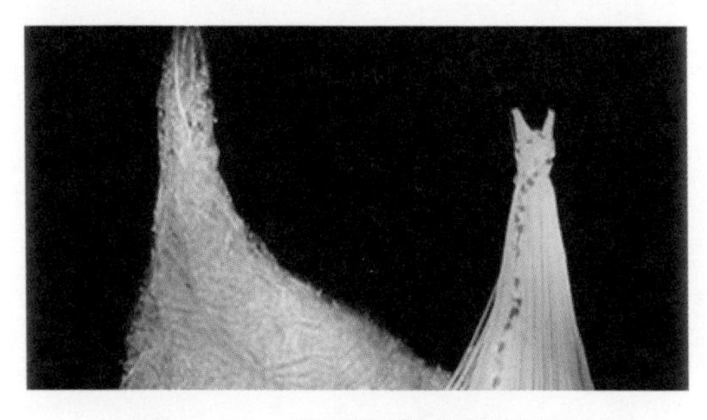

图 9-54　塑料瓶制作的礼服

图 9-55　塑料瓶制作的 T-shirt

看完塑料瓶变身的过程后，伙伴们能感受到人类科技的发达及我们用行动在进行环境保护的举措！塑料瓶不仅可以变身成为衣服，还可以变身成为包包、笔、运动鞋等。也不仅只有塑料瓶可以进行变身，还有很多可以变身的材质，在未来的生活中，我们慢慢寻找与尝试！

看到这里，我们更加明白，未来不仅在学校我们要遵循学校的要求，正确使用塑料，了解塑料制品回收的意义，养成将有再次利用价值的塑料制品进行收集的好习惯。在日常生活中我们也要这样去做，因为“无废学校”是“无废城市”的重要组成部分之一，真正实现“无废城市”的理想目标，与我们每一个人的行动与坚持是分不开的，这些行动就是我们在学校以及家庭日常的绿色无废生活习惯的养成，坚持就是天天做，随时做，人人做！

典型案例

冬奥制服来源于废弃塑料瓶

冬日的北京和张家口，北风呼啸，体感温度常在 −10℃以下，在寒冷的环境中进行户外活动，必须掌握三层穿衣法——内层速干排汗，中间保暖，外层防风防水。北京冬奥会技术官员、工作人员和志愿者所穿的制服中，保暖层的抓绒居然来自废弃塑料瓶和纺织品，见图 9-56。

保暖当然是制服的必备性能。上海嘉麟杰纺织品股份有限公司副总工程师王俊丽告诉南方周末记者，此前有五十多家企业参与冬奥会服装面料供应商竞标，在盲选环节中，嘉麟杰公司产品比同类产品的保暖性可高出 20% ~ 30%。

同时，嘉麟杰使用的是可再生纱线，比例几乎达到 100%。王俊丽称，公司常规产品使用可再生纱线的比例就已经在 50% 以上。目前公司 90% 以上的产品出口，客户多为国际大牌，“冬奥只是我们的一小部分产品”。

图 9-56　环保冬奥制服

“无废小达人”的成长记

9.5.5 寻找生活中的各种塑料

※ 人员组成：你，家人。

※ 活动目标：认识生活中的各种塑料。

※ 活动步骤与要求：

①学习与分辨日常生活中的塑料制品

图 9-57 的标志或许小伙伴们感觉有些眼熟，在某些地方看到过，让我们一起了解一下这些标志的意义吧，见表 9-1。

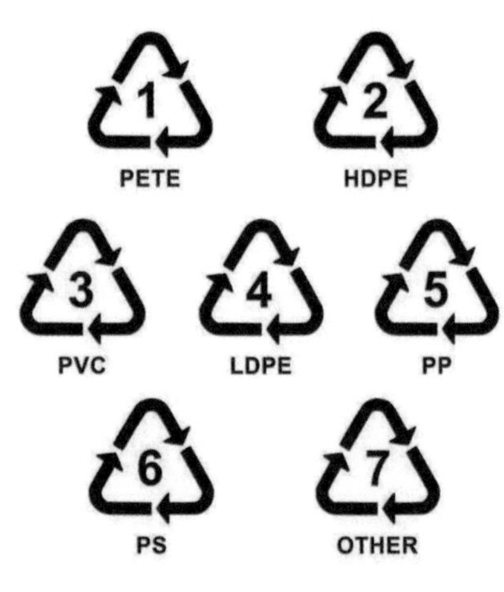

图 9-57 塑料的标识

表 9-1 塑料的常见用途

图标	材料	常见应用	使用禁忌
1	聚乙烯对苯二甲酸酯	矿泉水瓶、碳酸饮料瓶等	耐热至70℃易变形，对人体有害
2	高密度聚乙烯	塑料托盘、垃圾桶等	不要用来做储存容器装物品。清洁不彻底不要循环使用
3	聚氯乙烯	雨衣、建材等	毒性强，难清理，不要装饮品和食品
4	低密度聚乙烯	保鲜膜、保鲜袋等	耐热性不强，不要用微波炉加热
5	聚丙烯	微波炉餐盒、保鲜盒	熔点高，可放进微波炉的塑料盒
6	聚苯乙烯	快餐盒、碗装泡面盒	不能用微波炉加热
7	聚碳酸酯及其他类	水杯、奶瓶	高温下会释放有毒物质

看完以上的提示，伙伴们学到了一些日常生活中经常接触到的塑料制品的特性了，下面我们一起带着家人完成下述任务！

②实践与探究寻找它们的身影：与家人一起，选定一个超市，将上面的七种塑料制品一一对应，进行现场实践与了解，并做好以下记录。

➢ 参与人员的名单：

➢ 选择的地点及图片：

➢ 出行方式是什么？为什么？

➢ 寻找上述提示中的塑料制品，展示图片及标识。

➢ 同类标识的塑料，除了寻找出提示中的物品，有没有同品类的其他物品？如果有提供图片与标识。

➢ 这些物品中，哪些用完了可以变废为宝呢？

➢ 选定一个可以变废为宝的物品，在家人的一起参与下，进行手工制作，每个环节进行图片资料收集与展示。

➢ 从学习到实践到动手，整个过程中你心里的感受是什么？

➢ 通过参与上述实践活动，你对“无废城市”的“无废生活”的感受是什么呢？

9.6 废弃的旧轮胎

知识宝藏我来挖 

图 9-58 轮胎

看到图 9-58，很多小伙伴会异口同声地说出：“这是轮胎！”回答正确！我们的私家车会用到它，公交车也会用到它，各种车辆都会用到它，那么轮胎是什么做的呢？

9.6.1 轮胎的材质——天然橡胶

汽车轮胎的主要材料是橡胶。橡胶有良好的弹性，用橡胶做轮胎能减少行驶中的颠簸感。橡胶又分为天然橡胶和合成橡胶。天然橡胶的综合性能优于合成橡胶，所以高级轮胎多用天然橡胶。但是天然橡胶的耐磨、热熔、抓地力有天然的劣势，经不起摩擦，很容易被磨坏。

因此，为了使橡胶具有制造轮胎所要求的性能，必须要在橡胶中渗入各种不同的化学材料，即化学添加剂，其中一种很重要的添加剂叫炭黑，加了炭黑的黑色轮胎能够很好地做到耐磨抗老化，使轮胎寿命延长了 10 倍（没有掺入炭黑的轮胎寿命不到8000千米），除了更加耐磨以外，黑色的轮胎还可以抵抗紫外线，防止因紫外线导致的轮胎开裂。所以汽车轮胎主要材料实际上是一种橡胶和炭黑的复合材料。

那么橡胶又是从哪里来的呢？橡胶一词，来源于印第安语“cauuchu”，意为“流泪的树”。制作橡胶的主要原料是天然橡胶，天然橡胶就是由橡胶树割胶时流出的胶乳经凝固及干燥而制得的。橡胶树属于大戟科植物，原产于巴西，主要分布于南北纬10°内，生长适宜温度23 ~ 32℃，日照70% ~ 100%。橡胶树是一个比较典型的热带雨林树种，是热带雨林上层的多年生热带高大乔木，高可达30米，经济寿命高达30 ~ 40年。除了能生产天然橡胶，橡胶树的木材质轻，花纹美观，加工性能好，经化学处理后还可以制作高级家具、纤维板、胶合板、纸浆等，见图9-59。

图9-59　橡胶树与橡胶

很多小伙伴看了上面的内容，会有一个问题，废旧轮胎的制造材料来自橡胶树这一宝贵的自然资源，自然资源是有限的，我们应该使其物尽其用，那么废旧轮胎可以回收再利用吗？答案：可以的！

9.6.2　废旧轮胎的回收之路

对于那些磨损严重的轮胎，没有做备胎的条件，就可以通过废物处理生成新资源再利用。轮胎也分很多型号，那些大型的货车轮胎属于大钢丝轮胎，那些家用的轿车轮胎都属于小钢丝轮胎，它们的用途大不相同。

9.6.2.1　探秘废旧轮胎的循环之路

大型车轮胎一般都用来制作胶粉，胶粉进一步加工再做成生胶，不管多旧，损坏多严重的废旧轮胎都可以通过热裂解的方式进行资源再利用。轮胎里的钢丝也可以提取出来卖给钢铁厂；小型车轮胎的用途就比较单一了，只能把轮胎磨成粉，然后经过加工处理，制作成防水材料，再无其他用途。

此外，无论大小轮胎都可以用来炼油，现在的轮胎里都含有大量的硫、碳、氮等元素，经过高温裂解，然后冷却，用蒸馏设备可以提炼出汽车用的汽油和一些其他机器用的柴油，可以当做燃料卖给有需要的人；而剩余的炭黑颗粒物，可以用来做塑胶跑道，反正就是把它的作用发挥到淋漓尽致！

伙伴们，除了经过高科技的技术处理，废旧轮胎在日常生活中还能做什么呢？

9.6.2.2 日常生活里的废旧轮胎

除了集中收集进行加工再利用之外，废旧轮胎还可以被我们直接利用。

伙伴们，如果你坐过船的话，可能会见到在船只靠泊的码头上一般挂着许多废旧轮胎，这些废旧轮胎在船只靠岸时作为船和码头之间的缓冲，有效避免了船只损坏。你们在日常生活中还见到过哪些废旧轮胎被再利用的案例？

这么大的轮胎，即便废旧了，还能在我们的生活中发挥着各种各样的功能，当然这也跟我们的创意和DIY的灵巧双手是分不开的，见图9-60。

伙伴们，你们看到的这个废轮胎主题公园（图9-61）在山东泰安，想去吗？

（a）变身小茶几和沙发

（b）变身花坛

（c）变身花盆

（d）变身工艺灯

（e）变身小菜园

图9-60 废旧轮胎变身

图 9-61
泰安轮胎主题公园

我们再看看河南洛阳的废旧轮胎主题公园（图 9-62），真棒！

图 9-62　洛阳轮胎主题公园

看了这些，我们生活在地球上的人类朋友们，都应该有保护自然资源、爱护地球的责任与担当，这也是我们建造“无废城市”的宗旨之一！

“无废小达人”成长记

9.6.3 我们去体验——轮胎主题公园

看了上面的内容，伙伴们是不是都被轮胎主题公园吸引了呀？现在我们去体验吧，全国很多地方都有轮胎主题公园，周末和家人一起去寻找当地的轮胎主题公园吧！

※ 准备工作：与家人一起通过网络等途径查询当地轮胎主题公园，选一

个周末去体验，和家人一起提前做好出行规划。

※ 出发前必带：照相机（手机即可）、垃圾袋……

※ 活动要求：

①参观实践过程中，不要随便丢弃垃圾，要按园区垃圾分类的要求进行分类投放；如果暂时没有找到垃圾容器，将产生的垃圾放在自己准备好的垃圾袋里。

②参观实践过程中注意收集体验活动照片。

③参观实践过程中，是否发现有不爱护公物，随便丢弃垃圾等不文明现象，人员次数频繁吗？进行简单情况说明。

➢ 为什么出现这样的情况？

➢ 面对这些不文明现象你该怎么办呢？

➢ 这些文明行为是否应该养成，为什么？养成生活好习惯对大自然有什么益处？

④通过参观实践，你对废旧轮胎变废为宝有什么自己的创意吗？请你和家人们一起分享。

⑤与家人分享此次参观实践的感想。

➢ 在没有接触废弃轮胎主题公园前，你在日常生活中怎么对待这些可回收物？

➢ 通过废弃轮胎变身旅行记后，你对待这些可回收物有什么新的认识呢？

➢ 家里的其他成员有什么变化呢？

⑥你认为废旧轮胎与垃圾分类有什么关系吗？将废旧轮胎进行变废为宝后，在垃圾分类中起到什么作用呢？可与家人一起讨论后写出讨论结果。

⑦你认为垃圾分类是谁的事情？爸爸妈妈的？自己的？保洁人员的？每一个人的？为什么？

⑧制订家里垃圾减量、垃圾分类奖励机制：做得好的家庭成员你会怎么奖励他们？做得不太好的家庭成员你会怎么办？

9.7 茶叶渣的故事

知识宝藏我来挖

说到茶叶，很多伙伴会说：“我爷爷喝茶”“我爸爸妈妈喝茶”。有的小伙伴会问：“茶叶是树叶子吗？为什么有的树叶子可以做茶？”中国是世界上最早发现、栽培以及利用茶叶的国家，是全世界茶的发源地和茶文化的鼻祖，我们一起来了解了解吧！

9.7.1 茶的历史

伙伴们应该听过“神农氏尝百草”的故事，这个故事出自我国第一部药物专著《神农本草》，表明早在5000多年前的神农氏时代，我们的祖先已经开始利用茶的生叶煮了当药材使用，并且发现了茶的实用性功效：解毒。

在周朝时期，人们更加了解茶的功效，并且开始人工栽培种植茶树，由于当时茶是下饭的菜，所以那时还叫“吃茶”，同时人们也继承传统，把茶拿来当药用。到了秦朝的时候，人们开始渐渐地把茶用来喝，而不再是单一地去吃，同时也依然拿来当药用。直到汉朝时期，茶开始作为一种商品，其商业化初见端倪，并得到进一步的发展，成都则成为我国茶叶最早的集散中心。为了储存方便，茶也被进化成茶饼这种运输形式。

在唐朝，一代茶圣陆羽横空出世，他的一部《茶经》将喝茶的讲究一下子提升至文化的高度，被更高的文化阶层所接纳和推崇，使得茶的文化属性越来越突出。同时，加快了茶的产销和推广，使得对茶的追求变成一种全社会的风尚！文人时代的宋朝，将对茶的讲究发挥到了极致，开始流行斗茶。随着泡茶技艺的改进，衍生出无数的泡茶规矩讲究，对水质、器具、冲泡方法等方面的追求达到了史无前例的高度，见图9-63。

知识链接

斗茶

斗茶其实就是一种饮茶的娱乐方式，即比赛茶的好坏之意。“斗茶”是宋代的名称，在唐代称作“斗茗”或“茗战”，这种活动始于唐代的福建建州（今建瓯）茶乡。宋代是我国茶叶高速发展的一个时期，宋朝人都很爱饮茶。而且在宋代时期，斗茶活动非常流行，不管文人还是普通老百姓，都热衷此道。每年春季新茶制成后，茶农、茶人们为比较新茶优劣而展开斗茶，具有强烈的赛事色彩。“斗茶”这一传统文化，至今都很流行！

图 9-63　宋代斗茶图

元明时代，茶成为一种战略物资，朱元璋推行“以茶制戎”政策，以茶来制约北方少数民族的祸乱。清朝时期，随着外国进一步打开中国大门，茶作为一种争相抢夺的物资。中国茶逐渐风靡世界，独步世界茶市之林，当然也因此招来了祸患。

伙伴们，看了上述内容，我们简单了解了我国茶的历史，随着茶的不断进化与提升，我国逐渐形成了特有的中国茶文化！俗话说，开门七件事：柴米油盐酱醋茶。这是平民百姓每天为生活而奔波的七件事，也是老百姓家庭中的必需品，可见茶在老百姓生活中的作用。

知识链接

据中茶协初步统计，2020 年中国茶叶农业产值已突破 2500 亿元，内销额接近 3000 亿元，出口额保持在 20 亿元以上。中茶协表示，目前，我国茶叶消费群体已经达到 4.9 亿人。

一斤茶叶的芽头大约有 60000 ~ 80000 个，每一个芽头都是人工采摘。

一杯 3000 毫升的茶所含的营养成分大致分别相当于 2 个苹果、1 杯橙汁、1 斤新鲜蔬菜、半碗米饭所含的营养成分。

9.7.2 茶的种类

我国有着悠久的茶文化历史，茶的种植更是能追溯到很久之前，由于茶的品种多样，每一种都有着独特的香气和滋味，如今也有着很多关于茶的研究。那么你知道茶的种类有哪些吗？

9.7.2.1 绿茶

绿茶（图 9-64）采取茶树的新叶或芽，未经发酵，经杀青、整形、烘干等工艺而制成，保留了鲜叶的天然物质，含有茶多酚、儿茶素、叶绿素、咖啡碱、氨基酸、维生素等营养成分。绿茶有西湖龙井、信阳毛尖、安吉白茶等。

图 9-64 绿茶茶叶与茶汤

9.7.2.2 红茶

红茶（图 9-65）在加工过程中发生以茶多酚酶促氧化的化学反应，鲜叶成分变化较大，茶多酚减少 90% 以上，产生了茶黄素、茶红素等新成分和香气物质，具有红茶、红汤、红叶、香甜味醇的特征。红茶以祁门红茶较为著名。

图 9-65 红茶茶叶与茶汤

9.7.2.3 黑茶

黑茶（图 9-66）因成品茶的外观呈黑色，故得名。黑茶属于后发酵茶，传统黑茶采用的黑毛茶原料成熟度较高，是压制紧压茶的主要原料。黑茶有安化黑茶、六堡茶等。

图 9-66 黑茶茶砖与黑茶茶汤

9.7.2.4 乌龙茶

乌龙茶（图 9-67）属于青茶、半发酵茶，其品种较多，是我国独具鲜明特色的茶叶品类，是经过采摘、萎凋、摇青、炒青、揉捻、烘焙等工序后制出的品质优异的茶类。乌龙茶有铁观音、大红袍、凤凰单丛等。

图 9-67 乌龙茶茶叶与茶汤

9.7.2.5 黄茶

黄茶（图 9-68）属轻发酵茶类，加工工艺近似绿茶，只是在干燥过程的前或后，增加一道“闷黄”的工艺，促使其多酚叶绿素等物质部分氧化。黄茶有蒙顶黄芽、霍山黄芽等。

图 9-68　黄茶茶叶与茶汤

9.7.2.6 花茶

这种茶相信大家都不是很陌生，在市面上也能经常见到，花茶采用的是珍贵的稀有茶叶，与花瓣作为搭配制作而成，由于其带有淡淡的花香，所以得名为花茶（图 9-69），不是所有的茶叶都可以作为基础制作花茶，多数采用绿茶作为茶坯。

图 9-69　花茶茶叶与茶汤

9.7.2.7 白茶

白茶（图 9-70）是不经杀青或揉捻，只经过晒或文火干燥后加工的茶，具有外形芽毫完整，满身披毫，毫香清鲜，汤色黄绿清澈，滋味清淡回甘的品质特点。白茶有白毫银针、贡眉、白牡丹等。

9-70　白茶茶叶与茶汤

9.7.2.8 茶的另一种形式——茶饮料

在日常生活中，我们会看到家人冲泡上述的茶叶来品尝，在购物游玩、逛超市时会看到很多与茶有关系的饮品，如图 9-71。

伙伴们，我们现在生活中有很多时尚的茶饮品，就像你们从图 9-71 中看到的各种茶饮料，很多伙伴都经常在喝。茶给我们生活带来

图 9-71　茶饮料与茶饮店

了很多不同的味道，茶给我们带来了健康的生活，茶也让我们学到很多知识。当一片新鲜的茶叶经过浸泡，饮用后，就变成我们口中所说的茶叶渣了，那茶叶渣在目前垃圾分类中，应该属于哪一类垃圾？茶叶渣唯一的去处就是分类垃圾桶吗？

9.7.3 茶叶渣的“无废之旅”

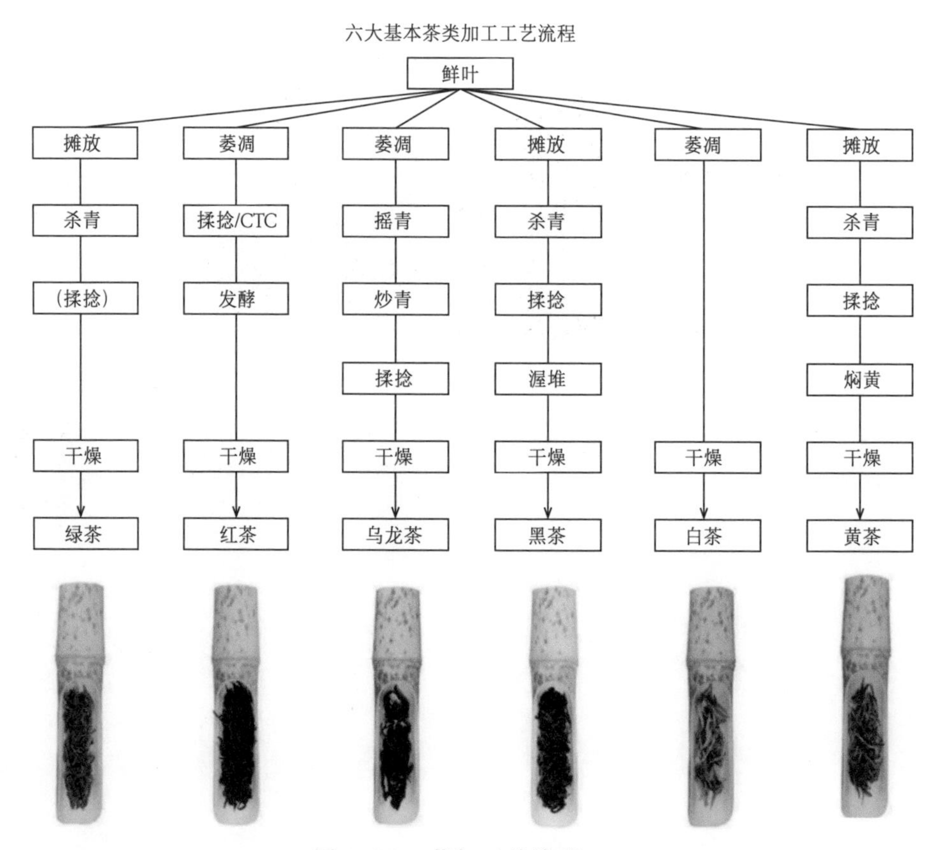

图 9-72　茶加工的流程

注：CTC 是 Crush（碾碎）、Tear（撕裂）、Curl（卷起）三个英文词的缩写，是一种诞生于 19 世纪 30 年代，以快速且低成本大量生产红茶为目的制茶方法。

从图 9-72 中我们可以了解，从树上摘下的鲜叶，经过以上这些工艺，最终为我们泡出不同功效及口感的美味茶汤，还可以通过加工制作成各种口味的解渴的茶饮料，在餐厅里还可以通过不同茶叶的味道，做出各种菜肴。

用过的茶叶渣在进行垃圾分类投放时，应该属于厨余垃圾，伙伴们别投放错了哈！那么茶叶渣除了进入垃圾箱外，还有别的出路吗？答案：有的！是哪里呢？

知识链接

茶叶菜肴

近些年，国内名厨开发了多种茶叶菜肴，多以名茶如龙井、雀舌、碧螺春等配菜，作调色、增香之用。较有名的茶叶菜肴有：龙井虾仁、碧螺鲜鱿、红茶土豆泥、翡翠珍珠等，茶叶除直接用于配菜外，还可制成作料，如茶叶酱、茶酒等，用于烹饪或直接食用，见图 9-73。

图 9-73 龙井虾仁与观音掌中宝

9.7.3.1 茶叶渣“无废之旅”之面膜

将茶叶渣晒干捣碎或者用食物处理器弄碎，加入半茶匙的面粉，1 茶匙蜂蜜混合成面膜，脸洗干净后用毛巾擦干，然后把茶叶面膜均匀抹在脸上，10 分钟后用温水洗掉，洗后可以轻轻地按摩皮肤，再用护肤品。长期坚持，可以让皮肤紧致光滑哦，见图 9-74。

图 9-74 茶叶面膜

9.7.3.2 茶叶渣“无废之旅”之去味茶包

将晾干的茶叶渣装进纱布袋里，放入冰箱，茶叶中的棕榈酸、稀萜类等物质可以消除冰箱异味。还能把这个茶渣包放进鞋柜，可以吸附鞋内的湿气，去除臭味，见图 9-75。

图 9-75 自制茶叶去味包

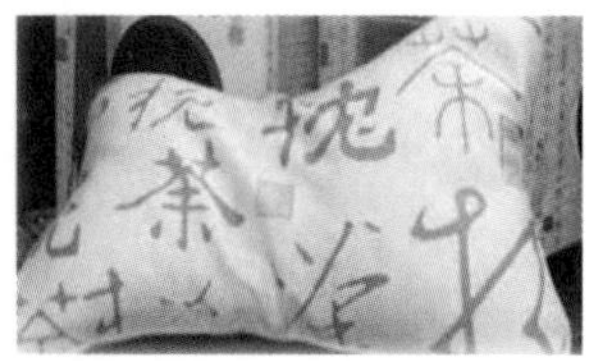

图 9-76　茶叶枕

9.7.3.3

茶叶渣“无废之旅”之茶枕

“茶枕”早已有之，传统的茶枕以浸泡过的茶叶晾干后再利用制成。随着社会的进步和科学的发展，人们对健康和时尚的需求越来越强烈，现代科技对传统产品进行改造，“茶枕”作为传统的保健产品正在向时尚的方向华丽转身，见图 9-76。

图 9-77　茶叶变废为宝成肥料

9.7.3.4

茶叶渣“无废之旅”之养花肥料

家里有养花花草草，可以把茶叶渣收集起来，堆在一起发酵以后，再混入盆土中，既可以增加花草需要的营养，又能改善土壤的结构，这样就不需要再买化肥了，见图 9-77。

通过整篇的阅读学习，我们了解了茶的历史、文化、种类、功效等，甚至连茶叶渣也有它奇特的作用，让我们每一个伙伴感受到，一片小小的茶叶全身都是宝，不管是在茶叶状态下，还是茶叶渣状态下都有其价值。通过茶叶的“无废之旅”，我们在增长知识的同时，也感受到了物尽其用、资源循环的实质所在！“无废城市”的“无废生活”就像茶叶一样，不是没有废物的产生，而是当某种物品变成所谓的“垃圾”时，我们通过科技的支撑，利用创新的方式将其价值用到极致，甚至是通过资源循环获得第二次新生，这就是“无废生活”的方式！

“无废小达人”成长记

9.7.4　体验“无废生活”

所谓的“无废生活”，并不是没有废弃物产生，而是产生了必要的废弃物后，我们如何正确去收集、处理，以及对有循环使用及变废为宝价值的废弃物，如何通过科学的、安全的、有效的科技与技术，再次为我们提供生活服务！有的变废为宝是需要经过我们正确的收集及分类投放，进入到科技公司，经过再加工生产，制成相关物品；有的可回收物经过我们自己的 DIY，就可以拥有第二次生命。当然将这些不同类别的可回收物送去正确的地方，再次发挥作用，是以我们的垃圾分类习惯，变废为宝的兴趣，减少垃圾产生的意识，以及我们每时每刻参与的行动为基础的！让我们带上家人一起去体验这种绿色无废的生活方式吧！

※ 活动准备：记录本，选择一个两天的周末，全家参与。

※ 在周末两天的时间里，从起床到晚上睡觉前，观察记录产生的日常可回收物品种类，记录下来，可参考表格 9-2。

表 9-2 生活中的可回收物分析

项目	纸类	塑料瓶	针织品	废旧衣物	厨余垃圾
数量					
种类					
来源					
形成原因					
改进方法					

※ 跟家人一起，挑选出可回收物及可以物尽其用的物品，经过思考，在家里，它们还能发挥的作用是什么？

饮料瓶：

酸奶盒：

快递纸箱：

卫生纸纸心：

鸡蛋壳：

芹菜叶：

西蓝花茎：

西瓜皮：

以上是我们日常生活中产生的所谓“垃圾”，可是他们有很好的再次使用的价值，一起去发掘和实践哦！

※ 以上这些物品，在你家是如何再次利用的？拍摄照片进行图片展示。

※ 这样的实践后，写出你的感受。写出你结合自己的生活实际对“无废生活”的理解是什么。

9.8 无废超市走起来

知识宝藏我来挖 

说到超市，相信很多伙伴都去过，如图 9-78 所示。

图 9-78 超市一角

那我们去超市买东西一般都是怎样的呢？推着购物车，拎着购物筐，然后把购买的物品放在购物车里或购物筐里，在收银台结账，这个流程相信大家一定都很熟悉。伙伴们，你们现在去超市，发现有什么变化吗？

9.8.1 超市里的新变化

之前我们都有过这样的经历，去超市购物，在收银台结账时，免费提供塑料袋用来装购买的物品。2008 年国务院办公厅下发《关于限制生产销售使用塑料购物袋的通知》中规定，当年 6 月 1 日起，在全国范围内禁止生产销售使用超薄塑料袋，并实行塑料袋有偿使用制度。从那时起，超市的塑料袋就进入了有偿使用时代。根据 2020 年 1 月国家发展改革委和生态环境部发布的《关于进一步加强塑料污染治理的意见》，到 2020 年底，直辖市、省会城市、计划单列市城市建成区的商场、超市、药店、书店等场所以及餐饮打包外卖服务和各类展会活动，禁止使用不可降解塑料袋，集贸市场规范和限制使用不可降解塑料袋；全国范围餐饮行业禁止使用不可降解一次性塑料吸管；地级以上城市建成区、景区景点的餐饮堂食服务，禁止使用不可降解一次性塑料餐具。这意味着，不可降解的一次性塑料制品也将逐步远离人们的生活。而且伙伴们你们发现了吗，目前超市的购物袋零售价格又上调了，例如，原价分别为 0.2 元和 0.4 元的中号与大号塑料袋，如今已经涨至 0.6 元和 1.2 元。某超市相关负责人告诉记者，可降解塑料袋成本价是不可降解塑料袋的三倍左右。

资源链接

2021 年 1 月起，海底捞全国门店、外送全面推行用纸吸管替代不可降解一次性塑料吸管，用纸质打包袋或符合要求的可降解打包袋替换一次性塑料袋，积极推进绿色可持续发展，见图 9-79。

图 9-79　替换一次性物品

伙伴们有没有思考过，国家为什么会陆续出台限制与规范塑料制品使用的相关政策？首先，塑料购物袋可降解化，可以有效控制并减少白色垃圾产生，保护环境；其次，倡导居民使用环保购物袋，减少使用塑料购物袋。在之前的篇章里，我们学习了“白色污染”的相关知识，知道了提倡自带购物袋等环保行为的意义所在。通过宣传等方式，目前自带购物袋去超市购物的人越来越多，不仅超市内的塑料袋使用发生着变换，随着“无废城市”、低碳、碳中和、环保等理念不断深入人心，超市的购物形式也发生着变化……

9.8.2　新型绿色超市的诞生

德国在可再生能源和减少碳排放上的努力和成果有目共睹。最近一家新兴企业也加入了环保行列，他们计划开设德国第一家没有包装袋的超市——Original Unverpackt，见图 9-80。超市除了销售食品外，还出售非食物的清洁用品和化妆品。超市的所有供应环节都遵循团队的“0 废物”宗旨。“0 废物”宗旨是为了减少水和汽油资源的消耗，每年德国的垃圾填埋场要处理 1600 万吨包装制品，他们希望通过此举减少包装使用。

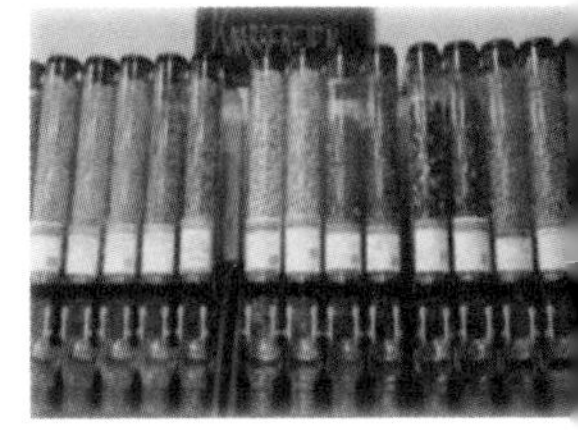

图 9-80　德国绿色超市

韩国的一家超市所有商品都没有包装，而是储存在木制筐或透明容器内，顾客按量选取。由于店内严禁使用一次性塑料袋，顾客需要自备购物袋，或者在店内购买环保袋。超市的食品类产品都直接从农场进货，不接受有塑料包装的产品，见图 9-81。店内九成以上的商品均为获得绿色认证的食品类产品，包括蔬菜、水果、坚果、谷物等近 50 种，售价和普通超市持平。数据显示，韩国一年的人均塑料消费量为 98.2 千克，排名全球第一。从 2018 年 10 月开始，韩国大型商场和超市内全面禁止使用不可降解的塑料袋。同时，韩国政府最近公布的垃圾回收利用管理综合对策计划到 2030 年将塑料垃圾排放量减少一半！

图 9-81　韩国零废弃绿色超市

“无废小达人”成长记

9.8.3　零浪费超市购物记

※ 要求：与家人一起，绿色出行。

※ 地点：类似于 THE BULK HOUSE 的当地特色环保小店。

※ 探店过程中把你感兴趣的商品及购物瞬间记录下来。

※ 回家后，与家人一起探讨此次探店心得，结合以下问题，写一篇心得体会。

①你有购买该店商品吗？品类是什么？你为什么会购买这些商品？

②你在购物之前对此次购物有什么期待？探店后有什么感受？

③为什么这样的小店在这样的繁华商业街内能有生存的空间？你认为这样的小店存在的原因是什么？

④你愿意这样的超市越来越多吗？这样的购物方式你喜欢吗？为什么？

⑤今后你再去大众超市时，你会怎么做？

「无废城市」的无忧生活

10.1 美丽的蓝天白云

知识宝藏我来挖

亲爱的伙伴们，通过上面内容的阅读与学习，你们现在是不是对“无废之城”有了更全面的了解了呢？“无废之城”给我们带来了全新的生活，在全民无废生活习惯养成、安全健康医疗保证、科学化技术化城市管理体系等保证下，未来我们会拥有更美丽的蓝天白云！

伙伴们一定很喜欢没有雾霾，每天都是蓝天白云的天气吧，这样的天气我们可以出去跟小伙伴们一起玩耍做游戏。当我们走出门，看到蔚蓝的天空以及像棉花糖一样的白云的时候，有没有一种像松开手的海绵一下子舒展开来的感觉呢？

那伙伴们有没有思考过，这样的蓝天白云带给我们哪些便利呢？我们又该如何让这样的天空一直持续下去呢？

10.1.1 地球是人类最宝贵的家园

同学们，我们赖以生存的地球到底是什么样子呢？现在让我们对最宝贵的家园——地球做个全面的认识吧！

人类生存的地球是一个丰富多彩、富有生机的世界。它不仅是人类的家园，这里还生存着 5000 万种形形色色、千差万别的生物。地球上的各种生物和资源都是宝贵的，也是人类赖以生存和发展的物质基础，因此我们要珍惜这些宝贵的资源。

地球所提供给人类的生存环境的确得天独厚。我们生存的地球上有水，有氧气，有多种动植物，有矿藏，有一切适宜人类生存的基本条件和可供人类使用的自然资源。可以说，地球是人类的摇篮，是人类的母亲，是人类最宝贵的家园。我们该怎么更好地在这个家园中生活，让这个家园能更健康、更美丽、更温馨呢?

10.1.2 怎么理解“无忧生活”

伙伴们，这里说的无忧生活并不是那种物质丰富、不用学习、不用工作、衣食无忧的生活。真正无忧生活，应该是蓝天白云、城市干净、环境优美、高度文明、自觉性强、没有环境污染的担忧、没有疾病的传染、没有极端气候的威胁的生活；是环境安全、健康、美丽、清新，让我们人类可以健康、安全、可持续发展下去，同时与自然和谐共生的生活！

上面所说的无忧生活和我们的“无废城市”是息息相关的，打造“无废城市”就是为了实现无忧生活的目标。

作为一名青少年，我们怎样才能继续保护好我们的家园呢？我认为，要从小事做起，从我做起。保护我们周围的环境，讲究卫生，不乱扔废弃物，不乱倒垃圾，爱护花草树木；建立“绿色环护”少年岗，可进行相关植树造林及自然现象变化监测等绿色实践，通过自身行动，扩大绿地面积，为控制土地沙漠化，防风固沙共同建造防护围墙；同时，伙伴们也应该逐渐养成保护野生动物，科学合理使用水资源等环保意识……

10.1.3 疫情下的“无忧生活”

伙伴们，我们现在经历着新冠肺炎疫情，截至目前已经持续三年已久，我们的工作、学习、生活等都受到了严重的影响，疫情不仅给我们自己，也给各个国家都带来了不同的影响与改变。通过疫情，我们感受到了天灾无情，感受到了它的危害性，作为我们，最好的办法就是响应政府的疫情防控要求，积极接种疫苗，佩戴口罩等，在保护自己健康安全的同时，我们也有责任保护家人及同胞的健康安全！

说到防控疫情，现在，我们每天都离不开一样东西，这就是口罩。以首都北京为例，北京城市人口大约有 2500 万，平均每人每天使用一个口罩，一天就是 2500 万个口罩。如果将这些口罩随意丢弃，会怎么样呢？有的伙伴会说：漫天飞舞、遍地口罩。没错，如果随意丢弃，就会出现你们说的这种现象。如果出现这样的现象，会给我们带来什么样的危害呢？我们都知道，带过的口罩表面层已经沾满了灰尘及被隔离的某些病毒，里层还会有很多细菌，这样暴露在外会给我们的环境带来二次污染，甚至会带来其他病毒的传播可能！

知识链接

废弃口罩成海洋新污染源 未来或进入食物链

据西班牙《世界报》网站报道，在新冠疫情暴发之前，海洋里的主要污染物还是各种包装物，但数据显示，当前海洋遭遇的新污染源是废弃的一次性口罩。口罩可能需要长达450年的时间才能分解，而且最终会以微塑料的形式进入食物链。

从2020年5月以来，潜水员开始探测到一种迄今为止闻所未闻，但在海岸和海床上愈发明显的残留物。他们发出警告称："这是一种全新的残留物——口罩。而这一切才刚刚开始，一种新的污染正在进入我们的海洋。"根据亚洲海洋保护组织估计，2020年至少有15.6亿个口罩可能最终进入海洋。而且这是一个相对较低的估计值，仅占全年预计产量520亿个口罩的3%。

法国非营利组织"清洁海洋行动"组织的联合创始人洛朗·隆巴尔发出了特殊警告："很快地中海中的口罩可能比水母还多""如果人们不把口罩随意丢弃到大街上，它们就不会进入海洋，因为海洋中80%的废弃物都来自陆地。这些废弃物被雨水冲进了河流，最终抵达海洋"。因此，我们更应该正确投放使用后的口罩，把口罩放进垃圾桶或特定的回收箱，千万不要把它们随手扔在地上。

那我们该怎么正确处理已使用过的口罩呢？前面的内容里，我们也学到了相关的垃圾分类知识及方法，按照垃圾分类的要求，使用过的口罩应该投放到哪类垃圾容器中？有的伙伴会说，使用过的口罩上面有细菌应该放在红色有害垃圾容器里；有的伙伴会说，应该投放到灰色的其他垃圾容器里；到底谁说的正确呢？我们通过下面的内容来寻找答案吧！

知识链接

口罩的正确分类与投放

日常佩戴过的口罩属于什么垃圾？怎么丢弃，怎么处理？北京市新型冠状病毒感染的肺炎疫情防控工作新闻发布会上，市城管委副主任韩利给出了标准答案：用过的口罩丢弃主要看使用场景。如果是医疗机构、发热门诊、疑似病例观察场所等，属于医疗垃圾，投入专用垃圾桶。如果是健康人群使用过的，按照生活垃圾分类处理，投入其他垃圾桶处置。鼓励将使用过的口罩先放在一个垃圾袋里，用绳子扎紧投入垃圾桶内！

伙伴们，通过上面的内容找到正确答案了吧！按照上面的要求，我们每人将使用过的口罩按照标准进行准确投放后，经过分类运输，实现无害化处理，这样就不会出现我们担心的那些问题了！通过口罩事例，你们感受到了吗，“无忧生活”的方式，是有约束的、有要求的、有行动的，只有我们每一个人按照要求去做，才能将我们的城市维护得更干净、更安全！

有的伙伴会提到：前面说到的有害垃圾到底是什么呢？既然使用过后的口罩不属于有害垃圾，那什么属于有害垃圾呢？

知识链接

有害垃圾的分类与投放

有害垃圾指对人体健康或者自然环境造成直接或者潜在危害的生活废弃物。常见的有害垃圾包括废灯管、废油漆、杀虫剂、废弃化妆品、过期药品、废电池、废灯泡、废水银温度计等，有害垃圾需按照特殊正确的方法安全处理。

分类投放有害垃圾时，应注意轻放。其中：废灯管等易破损的有害垃圾应该连包装或包裹后投放；废弃药品应连包装或包裹后一并投放；杀虫剂等压力罐装容器，应排空内容物后投放；在公共场所产生有害垃圾且未发现对应收集容器时，应携带至有害垃圾投放点妥善投放，不可投放至其他的垃圾桶，见图 10-1。

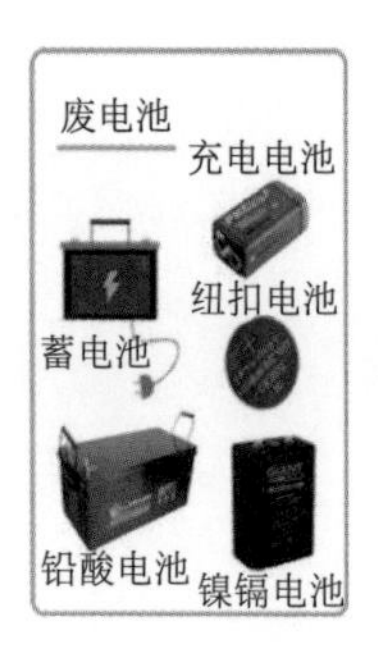

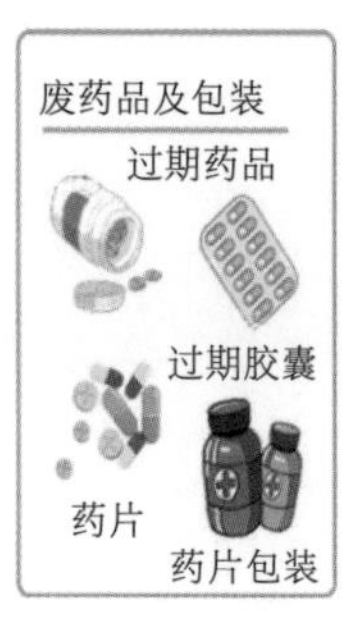

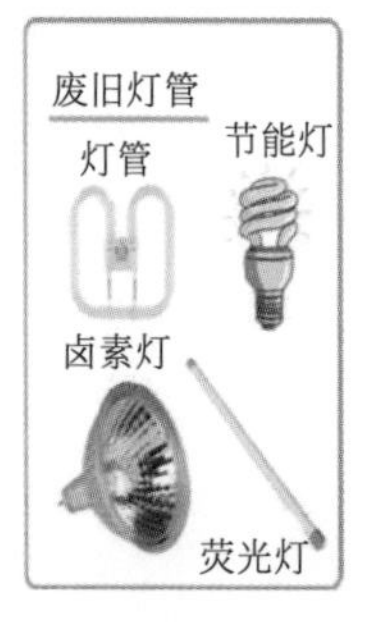

图 10-1　有害垃圾的分类与投放

伙伴们，通过上面的内容我们对有害垃圾的概念、品类、投放要求进行了学习，相信很多伙伴已经掌握，在未来的生活中，我们就要按照“无废城市”的要求，实现垃圾减量，同时做好源头分类。做好这件关键小事，也是实现我们“无忧生活”的基础！

10.1.4 未来的城市森林

未来城市绿化不再是简单的种树栽草，而会做到春有花、夏有荫、秋有果、冬有绿，形成“天蓝、地绿、水清”的生态环境。对于一个城市来说，森林是“城市之肺”，河流、湖泊及各类湿地则是“城市之肾”，我们的城市因为有了森林和流动的水体使裸露的钢筋混凝土外表添置了华丽的衣裳，赋予了一种动态的美、和谐的美。

知识链接

衙门口城市森林公园

衙门口城市森林公园（图 10-2）位于北京市石景山区西五环衙门口桥南，总面积98.67 公顷，由多地块组成。公园被五环路纵向穿过而分隔为东西两部分，周边多为规划新建居住组团，南侧紧邻永定河及西山文化带。

公园设计运用混交林、异龄林、复层林三种方式，结合生物多样性仿造北京自然森林群落结构，通过生态、景观等各方面的营造使市民真正走进森林，感受自然。同时还保留场地内多处文物建筑进行改造，将衙门口林衡蜀和骆驼会馆等古典文化融入森林，打造古今结合的、凸显区域特色的城市森林。衙门口城市森林公园以生态绿地为载体，以低碳节能、资源活化与再生为重点，打造广阔的城市森林，践行低影响开发、城市森林、海绵城市等生态理念，结合更多科技文化展示、体育运动、休闲健身、冬奥主题等元素，使公园成为更加富有生机和活力的综合型城市森林公园。

图 10-2　衙门口城市森林公园

伙伴们，未来我们城市里会有更多这样的森林公园，为我们生活提供充足的氧气、新鲜的空气、美丽的景色、干净的环境。我们在享用这些的同时，应该做些什么呢？答案是：用我们对自然尊重的态度，文明生活的绿色行为，去维护我们城市之肾！这也是我们实现“无忧生活”的重要方式！

10.1.5 未来的城市建设

未来的城市建筑提倡绿色建筑。要摒弃使用钢筋、水泥、砖石等材料，我们希望可以创造一种新型的材料，它是用城市垃圾制造的，这些材料不但不破坏环境，还可以回收、重复利用。同时，所有建材要符合我国的绿色环保要求，从材料上我们要做到环保、绿色，这样才能搭建出我们的绿色健康之城！绿色建材等级与标识见图 10-3。

图 10-3　绿色建材等级与标识

10.1.6 未来的城市交通

未来的城市交通会建设立体交通体系。为了防止交通拥堵，未来的城市交通除了要在平地上拥有纵横交错的公共交通网外，在立体空间上也能进行交通运输，所有的交通工具不仅可以在地上走，还可以在空中飞、在地下跑，而且用的还是太阳能、风能、电能等，一切就像科幻电影里展示的一样，见图 10-4。

图 10-4　未来的城市交通

10.1.7 未来的城市能源

未来的城市能源——很多会来自可再生能源。太阳能电池板覆盖城市建筑的大部分外部结构，使整座城市消耗的能量大部分来自太阳能。

知识链接

可再生能源及其利用

能源可以进一步分为可再生能源和非可再生能源两大类型。可再生能源包括太阳能、水能、风能、生物质能、波浪能、潮汐能、海洋温差能、地热能等。它们在自然界可以循环再生，是取之不尽，用之不竭的能源，不需要人力参与便会自动再生，是相对于会穷尽的非可再生能源的一种能源。

人类使用可再生能源的原因主要有以下几点：科技的进步让此类能源更加“好用”；化石能源是有限的，不仅其价格会日渐增长，而且终会有枯竭的时候；某些可再生能源（如风能、水力、太阳能）不会排放温室气体（如二氧化碳），因此不会增加温室效应的风险；可以增进能源供应安全，减少对进口化石能源的依赖，并满足对可持续性能源的需求。

甚至，更进一步地，有些国家开始思考“百分百的可再生能源政策”，而不是仅仅将可再生能源作为化石或核电等能源之补充。例如：德国很多市、县及乡镇正在证明，传统工业国的能源政策可以被彻底改变，亦即可以百分百地依靠可再生能源，充足供应工业及现代生活所需的能源。在德国约有 300 个地区（小的只是乡下小镇，大的有如慕尼黑之百万都市）于 2010 年 3 月间已宣布：最晚 2030 年要达到百分百可再生能源的目标。

典型案例

位于北京延庆的中国石化兴隆加氢站，工作人员在为冬奥赛事车辆加注绿色氢能，见图 10-5。所有竞赛场馆 100% 使用绿色电力，为奥运历史上首次；赛事交通服务用车中，节能与清洁能源车辆在小客车中占比 100%，在全部车辆中占 80% 以上，为历届冬奥会最高！

图 10-5　清洁能源车辆服务冬奥赛事

典型案例

2008 年北京夏季奥运会上，主火炬的熊熊大火一个小时大概要消耗 5000 立方米的天然气，排放大量的二氧化碳。而为了给主火炬供气，鸟巢甚至专门配了一个燃气站，日夜不停地为它输送能源。2022 年北京冬奥会将火炬变身为“微火”（图 10-6）之后，产生的碳排放大概只有之前的五千分之一。与往届奥运会大量使用液化天然气或丙烷等气体作为火炬燃料有所不同，2022 年北京冬奥会首次使用氢能作为火炬燃料。火炬氢能燃料，则来自中国石化和中国石油。本届北京冬奥会，境内火炬接力全部使用氢燃料，开幕式上使用氢燃料点燃冬奥赛场主火炬，赛事期间大量使用氢燃料电池车，以减少污染排放，体现了奥林匹克精神与“绿色”“环保”的进一步结合。

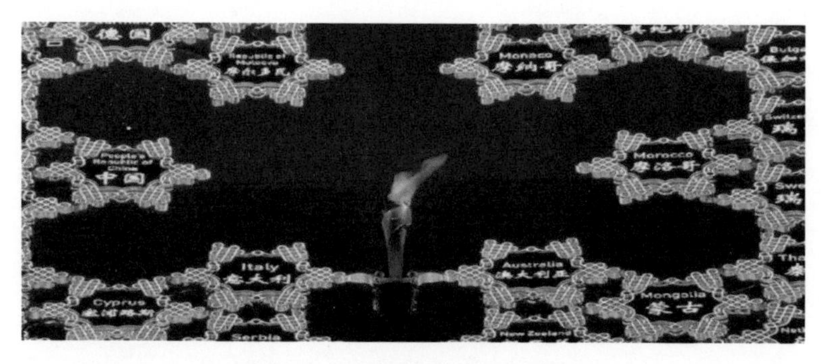

图 10-6　氢燃料奥运火炬

伙伴们，通过上面的学习，我们对“无废之城”的未来生活可能有了美好的想象，画面中会有高楼大厦，美丽的森林公园，高科技交通工具，遍地绿色花草，新鲜空气扑鼻而来，蓝蓝的天空飘着棉花糖般的云朵，我们在这样的城市里学习、生活……多么的美好，相信我们每一个人都会向往！那我们该怎样在“无废之城”去过“无忧生活”呢?

10.1.8　如何进行“无忧生活”

作为一名未来“无废之城”的一员，首先我们要树立尊重一切事物的端正态度：尊重自然、尊重生命、尊重劳动、尊重他人等。

其次，保护我们周围的环境要从自己做起，讲卫生，爱劳动，爱护花草树木。

再次，我们要树立绿色生活理念，做到垃圾减量、垃圾分类、节约用水、节约粮食、绿色消费、定期“断舍离”、变废为宝的 DIY 等，养成绿色文明的生活好习惯！

只有我们齐心协力，共同努力，才能真正地让每一个伙伴都能在“无废之城”进行“无忧生活”！

“无废小达人”成长记

10.1.9 战疫有我心，两米保平安

随着疫情防控进入常态化阶段，核酸检测也进入常态化、规范化、必须化的阶段。核酸检测过程中为了减少感染风险，要求保持两米的安全距离，而有一些社区为两米间隔线设置了安全贴心、形式多样的标志，有的是撑起的晴雨伞，有的是贴在地上的古诗词图片。请你选择一个检测点，依据其环境特点，设计两米间隔线标志，并写出设计理由。

※ 要求：语言简明，条理清晰。

※ 成员：你和家人一起。

※ 地点：自己所在社区或街道的某个核酸检测点（附照片）。

※ 设计方案：

周边环境特点：

发现目前的问题：

设计思路：

隐含的寓意：

设计图样：

10.2 努力建设人与自然和谐共生的“无废城市”

知识宝藏我来挖 

图 10-7 手牵手，和谐共处

伙伴们，看到这幅画面（图 10-7），你会有什么感觉？我想跟伙伴们分享我的感受：温馨、和谐、共生。人类的手与小动物的手、植物的手等相牵在一起，我离不开你，你不能没有我！

10.2.1 如何理解人与自然和谐共生

人与自然的关系是人类社会最基本的关系。习总书记曾强调，人与自然是生命共同体，坚持人与自然和谐共生。人与自然是息息相通、命脉相系、融为一体的关系，我们只有树立人与自然是生命共同体的理念，像爱护自己的生命一样对待自然环境，才能实现人与自然和谐共生，为建设美丽中国、实现中华民族永续发展提供有力保障。

伙伴们，大自然是人类可持续发展的基础，人类发展离不开自然界！为什么这么说呢？

自然是人类生命之源，是人类生存和发展的命脉。人类是自然界长期进化发展的产物，自然界是人类的母体，它孕育了人类，并为人类提供了生存和发展的自然前提，是人类安身立命的根基，是人类生命绵延不断、代代相传的必要条件。人作为生命有机体属于自然界，参与自然生态系统的循环。因此，人与自然对象是环环相扣、生生不息的循环链条，是存在着普遍联系的有机系统。

伙伴们，这段内容让我们明白了人类与自然的关系，自然是人类安身立命的根基，人类要想生存，得有食物的供给，才能维持我们自己的生命，那么粮食的供给又是从何而来呢？相信很多伙伴会说出正确的答案：大自然！

了解了人类与自然和谐共生的基础知识后，我们在日常生活中应当做些什么？注意些什么呢？

10.2.2 尊重万事万物的生命周期

倘若问我生命在哪里？我会告诉你：修竹叶间那一笔翠绿，是生命；土地上那渺小的蝼蚁，是生命。这世间万事万物都拥有生命（图 10-8）。听，林中幼鸟的鸣叫昭示着生命的到来。闻，空气中那一缕缕花香代表着生命的绽放。看，空中落叶的飘零预示着

知识链接

成语故事《揠苗助长》的启示

成语故事蕴含着许多智慧，今天想要跟大家分享的成语故事是揠苗助长。这个故事来自《孟子·公孙丑上》。有个宋国人，他十分期盼禾苗长高，于是就去田里把禾苗一个个地拔高，一天下来十分疲劳但很满足，回到家对他的家人说："可把我累坏了，我帮助禾苗长高了！"他儿子听说后急忙到田里去看苗的情况，然而苗都枯萎了。

揠苗助长的故事是一个悲剧，其本质是种秧的人不懂得秧苗生长规律，他的好心好意反而让秧苗没有了自我的力量。这个故事告诉我们，其实万事万物都有自己的规律。

图 10-8 大自然的生命

生命的萌芽。生命，是这世间最美好的东西，世间的万事万物都有自己的生命周期！

人类是自然之子，没有了自然，就没有了人类所依附的一切，自然界中的生灵与我们同呼吸共命运，维护地球所有生命，让万物皆可自然生长，便是对地球未来的呵护。

生态环境是人类赖以生存发展的前提和基础。我们每天呼吸的空气、饮用的水、吃的食物，都得益于大自然的馈赠，都是生物多样性带来的福祉。因此，保护自然就是保护人类自己。没有良好的生态环境，人类的生存发展无从谈起。

10.2.3 要像保护眼睛一样保护生态环境

大自然孕育抚养了人类，人类应该以自然为根，尊重自然、顺应自然、保护自然。自然遭到系统性破坏，人类生存发展就成了无源之水、无本之木。我们要像保护眼睛一样保护自然和生态环境，推动形成人与自然和谐共生的新格局！

看一看，随着人类的发展，给自然造成的危害：

①工业废气排放污染大气环境，导致酸雨和温室效应，见图 10-9。

②伐木，破坏植被，破坏生物栖息环境，不利于温室气体的吸收，见图 10-10。

图 10-9　温室效应的危害

图 10-10　乱砍滥伐破坏植被

③任意捕杀野生动物，破坏生物多样性，见图 10-11。

④城市的光污染，破坏生态环境，造成恶劣影响，如使候鸟迷失方向，见图 10-12。

图 10-11　生物多样性

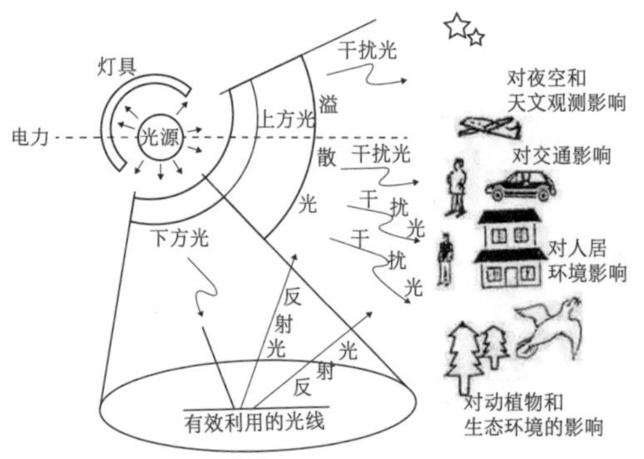

图 10-12　城市光污染破坏生态环境

⑤化肥农药的使用，污染土地资源和水资源，见图 10-13。

图 10-13　土壤与水污染

⑥能源开采方式不当，破坏地标植被，污染周边环境，见图 10-14。

⑦过度捕捞鱼类，向海洋排放废弃物，破坏海洋生态环境，见图 10-15。

图 10-14　能源开采造成的环境污染

图 10-15　海洋污染

看到这些，我们会发现，由于人类的存在与发展，过度消耗自然资源，给自然带来了破坏，当自然受到这些破坏的时候，我们人类会得到什么样的惩罚呢？酸雨、气候变化、极端天气、自然灾害、疾病的传播……图 10-16。

图 10-16　环境污染带来的问题

这说明什么？说明由于我们人类过度地使用资源，破坏地球资源导致很多生态系统受到破坏与污染，地球妈妈生气了，用这些方式警告人类！但地球是有自愈能力的，只要减少人类的活动，自然生态会慢慢得到恢复，让我们看看地球的自愈能力有多强大吧！

10.2.4　特殊时期下的地球生态环境

“路上的车少了，街道的人稀疏了，旅游景点关门了”，这是自 2019 年 12 月以来，全球范围内相继爆发新冠肺炎，各国采取严格的隔离检疫手段，全球大面积的停工、停产后看到的景象，这对于生态环境的影响如何？又有什么异象产生呢？

在日本，奈良小鹿已经从奈良公园里跑出来，并且成批地来到了市中心觅食，见图 10-17。

在泰国，成群的猴子跑到城市，在城市大街小巷随处可见，见图 10-18。

在意大利的小镇上，野猪在小镇的街道上自由漫步，还有马儿也跑到大街上享受着午后时光，见图 10-19。

2020 年 9 月 4 日青海海东第一次拍摄到雪豹母子影像，其中小雪豹则在其母亲身边四脚朝天撒娇打滚儿，见图 10-20。

威尼斯市长办公室发言人表示：“由于运河上的交通流量减少，沉积物留在了水底，现在的水看起来更加清澈。”随着居民活动受限，空气污染变少了，水上巴士和船只的通行量比平常少，水中的沉积物能够沉淀在底部而不会被翻动起来，河面从而更干净了，见图 10-21。一位威尼斯当地人马可·卡波维拉在拍了一些鱼的影像后表示，“从未见过如此清澈的水！”

图 10-17　日本奈良小鹿跑上街头
图 10-18　成群的猴子在泰国街头
图 10-19　马儿在意大利街头散步
图 10-20　青海拍摄到雪豹影像

图 10-21　清澈的河水

澳大利亚受到极端天气造成的自然灾害的折磨，从干旱加剧造成破坏性火灾，到干旱突然结束时发生的山洪泛滥。然而，自然的自愈力却超乎人们的想象。一名摄影师记录了澳大利亚一片森林大火后数月的情况，见图10-22。

有些植物在长期的自然进化过程中实现了自愈功能。比如有的植物能在树干表面已经烧焦的情况下，重新萌芽，甚至利用烧焦树干中的养分而生长，这些被称为自生植物。2011年，在经历了2009年澳大利亚历史上人类最致命的大火之后，人们发现维多利亚州的金莱克国家公园已经出现了以前未知且稀有的植物。当大火将地表植被烧掉后，等待在土壤中的休眠种子就有机会接受阳光繁衍生息，从而使生态系统重新开始。

伙伴们，在疫情特殊的环境下，人类活动减少了，随之而来的是很多小动物回到我们的生活中；在特大自然灾难后，大自然生物的自愈能力让我们感受到它的强大！近年来，科学家在研究利用森林的自愈或者自我恢复能力，来恢复被人类生活破坏的生态系统，并取得了一些结果。在我国，在一些地方采取退耕还林等措施后，曾经被破坏的水土资源也得到恢复，森林面积也在不断增加。

图10-22
澳大利亚火灾后自然的重生

自然有它的自愈能力！那我们人类的自愈能力是什么呢？伙伴们，我们人类的持续发展离不开大自然，那我们是不是应该像爱护自己的眼睛一样去爱护大自然呢？那我们怎么去爱护呢？是我们尊重自然的态度，保护自然生态的意识，过无废生活的行动，持之以恒的坚持！

10.2.5 我们该用什么方式与大自然和谐相处

伙伴们，我们该如何和大自然和谐相处？这才是我们每一个伙伴值得思考的问题，自然界的万物并非人类所有，而我们人类却是自然万物之一，尊重自然也是尊重生命本身。

尊重自然万物的生命周期，与大自然和谐相处，伙伴们要做到以下几点：

①手下留情，足下留青，爱护环境，人人有责。

②别乱砍树林，爱护每一棵树，否则我们看到的将是泛滥的洪水和贫瘠的沙漠。

③动物是我们朋友，保护动物就是保护我们自己。

④珍惜粮食，尊重食物。

⑤绿色生活，节约节俭。

未来，随着更多的“无废城市”的建立，我们都会陆续进入无废生活的时代。“无废城市”是保护我们的城墙壁垒，我们每一个伙伴都要“取之有度、用之有节”，做到节约用水、使用可再生能源、分类回收垃圾、循环利用废弃物、借助公共交通出行、减少碳排放等，用我们的“无废生活”的方式，真正实现人与自然的和谐共存，让我们的“无废之城”更加安全、健康、和谐、美好！

“无废小达人”成长记

10.2.6 唇枪舌剑，思辨“环保”

※ 活动主题：天空辩蓝，大地辩绿

※ 活动背景：

一次性用品，如一次性筷子、一次性纸杯、一次性饭盒等在生活中随意可见，每天都在被人们大量使用，而且它们在自然中的降解能力弱，造成了严重的垃圾负荷和污染，与当今社会所提倡的“厉行节约”背道而驰。对此问题，有不少争议，一次性用品到底应该禁止还是应该继续使用，是一个值得我们探讨深思的问题。

※ 参加模式：

每支队伍 4 人组成，两支队伍之间进行辩论。

※ 比赛内容：

①辩题：是否应该禁止一次性用品的使用

正辩：应该禁止一次性用品

反辩：不应该禁止一次性用品

②自由辩论

正反方辩手自动轮流发言。每方限时 5 分钟，双方总计 10 分钟。发言辩手落座为发言结束即为另一方发言开始的计时标志，另一方辩手必须紧接着发言；若有间隙，累积计时照常进行。同一方辩手的发言次序不限。如果一方时间已经用完，另一方可以继续发言，也可向主持人示意放弃发言。自由辩论提倡积极交锋，不能对重要问题回避交锋两次以上，对于对方已经明确回答的问题，不能纠缠不放。

（注：自由辩论阶段，每方使用时间剩余 30 秒时，主持人提醒；时间用完时，工作人员举红牌宣布终止发言。）

③总结陈词

反方四辩总结陈词 (4 分钟)；正方四辩总结陈词 (4 分钟)。

（注：应有针对性地对辩论会整体态势进行总结。每方队员在用时剩余 30 秒时，主持人提醒，时间用完时，工作人员举红牌宣布终止发言。）

参考文献

[1] 国务院办公厅．国务院办公厅关于印发“无废城市”建设试点工作方案的通知（国办发〔2018〕128 号）. 2018-12-29.

[2] 陈瑛，滕婧杰，赵娜娜，等．“无废城市”试点建设的内涵、目标和建设路径．环境保护，2019，(9)：21-25.

[3] 高明，陈云．“无废城市”研究文献与政策文本的可视化分析．合肥工业大学学报（社会科学版），2022，36(2)：5-52.

[4] GCSG 双绿联盟．无废城市，欧洲代表性城市“零废弃”战略经验．资源再生，2020(6)：68-70.

[5] 董阳，壮歌德．关于“零废物”．世界环境，2019，(2)：36.

[6] 王语懿，李盼文．将中国新加坡“无废城市”合作打造成绿色“一带一路”合作典范 零废物，新加坡是怎么做到的？. 中国生态文明，2018，(4)：86-88.

[7] 生态环境部．“无废城市”巡礼㉒丨绍兴：建设“无废城市” 构筑美丽绍兴（动画短视频）.2020-07-12.https://www.mee.gov.cn/home/ztbd/2020/wfcsjssdgz/wfcsxwbd/wfcsmtbd/202007/t20200712_788875.shtml.

[8] 生态环境部．“无废城市”巡礼㉔丨徐州：建设“无废城市” 共享美丽徐州（动画短视频）.2020-07-14.https://www.mee.gov.cn/home/ztbd/2020/wfcsjssdgz/wfcsxwbd/wfcsmtbd/202007/t20200714_789261.shtml.

[9] 生态环境部，国家发展和改革委员会，工业和信息化部，等．关于印发《“十四五”时期“无废城市”建设工作方案》的通知（环固体〔2021〕114 号）.2021-12-10.

[10] 李干杰．开展“无废城市”建设试点提高固体废物资源化利用水平.2019-03-29.https://www.mee.gov.cn/home/ztbd/2020/wfcsjssdgz/dcsj/wfcszcwj/201903/t20190329_697832.shtml.

[11] 中共北京市委经济技术开发区工作委员会，北京经济技术开发区管理委员会．北京经济技术开发区 “无废城市”建设试点实施方案．2020-03-11.https://www.mee.gov.cn/home/ztbd/2020/wfcsjssdgz/sdjz/ssfa/202003/P020200311615423638543.pdf.

[12] 生态环境部．视频丨多部门联合印发“无废城市”建设工作方案.2021-12-16.https://www.mee.gov.cn/ywdt/spxw/202112/t20211217_964386.shtml.

[13] 温宗国．“无废”理念及“无废城市”建设．资源再生，2020(10)：58-61.

[14] 臧文超，王芳．坚持绿色发展，推进工业固体废物管理与利用处置．环境保护，2018，(8)：12-16.

[15] 丛宏斌，沈玉君，孟海波，等．农业固体废物分类及其污染风险识别和处理路径．农业工程学报，2020，36(14)：28-36.

[16] 吕承超，邵长花．中国城市生活垃圾处理能力的时空格局及影响因素．地理科学，2021，41(5)：768-776.

[17] 生态环境部．关于发布“无废城市”建设试点名单的公告（生态环境部，公告 2019 年第 14 号）. 2019-4-30.

[18] 铜陵市人民政府．铜陵市“无废城市”建设试点工作总结报告.2021-10-12.https://www.mee.gov.cn/home/ztbd/2020/wfcsjssdgz/sdjz/ldms/202110/P020211012371618615643.pdf.

[19] 光泽县人民政府．光泽县“无废城市”建设试点工作总结报告.2021-08-25.https://www.mee.gov.cn/home/ztbd/2020/wfcsjssdgz/sdjz/ldms/202108/P020210825402104855439.pdf.

[20] 中共北京市委经济技术开发区工作委员会，北京经济技术开发区管理委员会．北京经济技术开发区“无废城市”建设试点工作总结报告.2021-08-25.https://www.mee.gov.

cn/home/ztbd/2020/wfcsjssdgz/sdjz/ldms/202108/P020210825397934124438.pdf.

[21] 中新天津生态城．中新天津生态城“无废城市”建设试点工作总结报告．2021-08-25.https://www.mee.gov.cn/home/ztbd/2020/wfcsjssdgz/sdjz/ldms/202108/P020210825386987181499.pdf.

[22] 瑞金市人民政府．瑞金市“无废城市”建设试点工作总结报告.2021-08-25.https://www.mee.gov.cn/home/ztbd/2020/wfcsjssdgz/sdjz/ldms/202108/P020210825379881066944.pdf.

[23] 中共许昌市委，许昌市人民政府．许昌市“无废城市”建设试点工作总结报告.2021-07-09.https://www.mee.gov.cn/home/ztbd/2020/wfcsjssdgz/sdjz/ldms/202107/P020210719506998058842.pdf.

[24] 绍兴市人民政府．绍兴市“无废城市”建设试点工作总结报告.2021-07-09.https://www.mee.gov.cn/home/ztbd/2020/wfcsjssdgz/sdjz/ldms/202107/P020210719507141709956.pdf.

[25] 三亚市人民政府．三亚市“无废城市”建设试点工作总结报告.2021-07-09.https://www.mee.gov.cn/home/ztbd/2020/wfcsjssdgz/sdjz/ldms/202107/P020210719507279618217.pdf.

[26] 包头市人民政府．包头市“无废城市”试点建设工作总结报告.2021-07-09.https://www.mee.gov.cn/home/ztbd/2020/wfcsjssdgz/sdjz/ldms/202107/P020210719507456385292.pdf.

[27] 雄安新区管理委员会．雄安新区“无废城市”建设试点工作总结报告.2021-05-27.https://www.mee.gov.cn/home/ztbd/2020/wfcsjssdgz/sdjz/ldms/202105/P020210527378599350189.pdf.

[28] 西宁市人民政府．西宁市“无废城市”建设试点工作总结报告.2021-05-27.https://www.mee.gov.cn/home/ztbd/2020/wfcsjssdgz/sdjz/ldms/202105/t20210527_834709.shtml.

[29] 重庆市人民政府．重庆市“无废城市”建设试点工作总结报告.2021-05-27.https://www.mee.gov.cn/home/ztbd/2020/wfcsjssdgz/sdjz/ldms/202105/t20210527_834708.shtml.

[30] 徐州市人民政府．徐州市“无废城市”建设试点工作总结报告.2021-05-18.https://www.mee.gov.cn/home/ztbd/2020/wfcsjssdgz/sdjz/ldms/202105/P020210518374323261640.pdf.

[31] 威海市“无废城市”建设试点工作领导小组．威海市“无废城市”建设试点工作总结报告.2021-05-18.https://www.mee.gov.cn/home/ztbd/2020/wfcsjssdgz/sdjz/ldms/202105/P020210518373392213204.pdf.

[32] 深圳市人民政府．深圳市“无废城市”建设试点工作总结报告.2021-05-18.https://www.mee.gov.cn/home/ztbd/2020/wfcsjssdgz/sdjz/ldms/202105/t20210518_833252.shtml.

[33] 盘锦市人民政府．盘锦市“无废城市”建设试点亮点模式.2021-02-08.https://www.mee.gov.cn/home/ztbd/2020/wfcsjssdgz/sdjz/ldms/202102/t20210208_820926.shtml.

[34] 黄杰．“屯田制”创新思维对许昌建设“无废城市”的启发．黄河黄土黄种人，2021，(21)：34-36.

[35] 周四九，郭忠．“无废城市”建设路径分析——以安徽省铜陵市为例．辽宁行政学院学报，2019，(5)：92-96.

[36] 睢琼，王厚海．“无废城市”建设走出威海路径．环境教育，2021，(9)：65-66.

[37] 蔡洪英，张曼丽，蓝岚．重庆（主城区）“无废城市”建设打造重点和预期成果研究．环境与发展，2020，32(5)：232+234.

[38] 武照亮，靳敏，苏明明，等．“无废城市”建设背景下社区参与程度及影响因素分析：基于威海市 634 份居民调查数据．环境工程学报，2022，16(3)：765-774.

[39] 熊嘉艺．无废校园，从我做起——学校篮球场塑料瓶乱丢现象的调研报告．发明与创新(中学生)，2021，(5)：26-29.

[40] 王森．当好“无废”小细胞 共赢绿色大未来．深圳特区报，2022-02-16(A05).

[41] 邓瑜，姜静．厚植无废环保理念，扮靓绿色智慧校园——重庆高新区树人思贤小学校生态文明教育纪实．环境教育，2021，(5)：82.

[42] 肖淙文，叶怡霖，金燕翔．小“细胞”如何改变大环境．浙江日报，2021-10-28(003).

[43] 张一琪．绿，是“无废城市”最亮底色．人民日报海外版，2022-03-28(005).

[44] 王天义．从“无废生活”到“无废城市”是艰巨的系统工程．资源再生，2019，(05)：25-26.

[45] 瑞金市人民政府．瑞金市“无废城市”建设试点亮点模式．2020-08-25.https://www.mee.gov.cn/home/ztbd/2020/wfcsjssdgz/sdjz/ldms/202008/t20200825_795104.shtml.

[46] 路桥区人民政府．无废城市系列之“无废学校”让校园更美好.2022-01-24.http://www.luqiao.gov.cn/art/2022/1/24/art_1229304878_58936003.html.

[47] 平阳县人民政府．创建“无废机关”，为“无废细胞”注入活力．2021-08-16.http://www.zjpy.gov.cn/art/2021/8/16/art_1388362_59037354.html.

[48] 天台县人民政府．“无废景区”——保护与开发并重．2021-11-30.http://www.zjtt.gov.cn/art/2021/11/30/art_1659816_59078541.html.

[49] 我爱去旅游网．三亚启动“无废酒店”创建工程.2020-06-11.https://www.527uu.net/news/1786.html.

[50] 生态中国网.2022 北京冬奥会如何做到绿色环保.2022-02-09.https://www.eco.gov.cn/news_info/52914.html.

[51] 马璐璐，李涣．数字会说话：珍惜吧，看看这些与水有关的数据.2021-03-22.http://www.xinhuanet.com/video/sjxw/2021-03/22/c_1211077788.htm.

[52] 国家计委，财政部，建设部，等．《关于进一步推进城市供水价格改革工作的通知》（计价格〔2002〕515 号）.2022-4-1.

[53] 北京市城市管理委员会．垃圾分类大图标单页.2022-02-07. http://csglw.beijing.gov.cn/bsff/zlxz/202005/t20200527_1909511.html.

[54] 北京市城市管理委员会．垃圾分类指导手册异形折页.2022-01-10. http://csglw.beijing.gov.cn/bsff/zlxz/202005/t20200527_1909512.html.

[55] 北京市城市管理委员会．北京市社会单位生活垃圾分类投放指引.2020-05-07.http://csglw.beijing.gov.cn/bsff/zlxz/202005/P020200529450553346547.pdf.

[56] 北京市城市管理委员会．北京市社区生活垃圾分类投放指引.2020-05-07.http://csglw.beijing.gov.cn/bsff/zlxz/202005/P020200529450990734228.pdf.

[57] 北京市城市管理委员会．北京市党政机关生活垃圾分类投放指引.2020-05-07.http://csglw.beijing.gov.cn/bsff/zlxz/202005/P020200529450759144817.pdf.

[58] 闫郡庭．汤蓓佳中国的“零废弃”女孩．中华儿女，2019，（2）：3.

[59] TIMES 君．泰国僧人的袍子竟然是用垃圾做的？.2021-12.https://xw.qq.com/cmsid/20211125A07ZPO00.

[60] xzq. 玻璃有哪些回收利用方法 旧玻璃回收有何注意事项.2019-05-07.https://www.glass.com.cn/glassnews/newsinfo_234064.html.

[61] IT 之家．日本：从废旧手机家电到奥运奖牌，全民参与变废为宝.2019-07-11.https://

baijiahao.baidu.com/s?id=1638737191940450570&wfr=spider&for=pc.

[62] 老狼的春天.读史谈今:“粮食战争”成就齐桓公霸业.2018-03-06.https://baijiahao.baidu.com/s?id=1594191304991898692&wfr=spider&for=pc.

[63] 唐小葎,黄晓进,何钦燕,等.一种厨余垃圾就地资源化处理生态循环系统的制作方法.2019-11-08.http://www.xjishu.com/zhuanli/40/201910825401_3.html.

[64] 姜智鹏.上海世博环保长椅由牛奶饮料盒制成.2010-07-05.https://news.sina.com.cn/expo2010/2010-07-05/173720614824.shtml.

[65] 彭训文.一个塑料瓶的再生之旅.2019-02-11.https://baijiahao.baidu.com/s?id=1625128451505809500&wfr=spider&for=pc.

[66] 食品饮料行业微刊.「塑」造新生,与蓝同行,百事公司引领可持续发展新潮流.2021-09-28.https://www.sohu.com/a/492591552_679193.

[67] 自然之友.环保就是责任,利乐公司这样推动“绿色办公”.2020-04-25.https://mp.weixin.qq.com/s/xDDQN3wSFMk6beHig8wR-g.

[68] 自然之友.自然之友环保创意获两项国际大奖.2014-09-03.https://mp.weixin.qq.com/s/Gq0c9wUo69T2IL7SRpYk9w.

[69] 自然之友.获奖通知 | “绿色办公”爱豆出道啦! .2020-05-14.https://mp.weixin.qq.com/s/jBacAN6u8aWzD-HVShtm_w.

[70] 盈创回收.当我们谈论塑料危机的时候,盈创在做什么.2020-10-31. https://mp.weixin.qq.com/s/R5FXjcLYKpRpcjAQwA74ZA.

[71] 零废弃联盟.“零废弃”研学暑期营开启!这一站,泰国.2018-06-07. https://www.huanbao-world.com/others/20056.html.

[72] 重返森林.废工地变菜园? 3年,他把上海的23块荒地,建成了小森林. 2019-03-18. https://weibo.com/u/5135721461.

[73] 国家发展改革委.国家发展改革委关于印发“十四五”循环经济发展规划的通知(发改环资〔2021〕969号).2021-07-1.

[74] 农业部新闻办公室.六大现代生态农业模式助推农业绿色发展.2016-11-25.http://www.moa.gov.cn/xw/zwdt/201611/t20161125_5378665.htm.

[75] 符吉茂.“无废景区”玩出“无废”新时尚.2020-08-27.http://epaper.sanyarb.com.cn/html/2020-08/27/content_12248_3195048.htm.

[76] 中国文明网.四川甘孜州景区推广“垃圾银行”促进文明旅游工作.2016-10-28.http://www.wenming.cn/syjj/dfcz/sc/201610/t20161028_3847732.shtml.

[77] 黄河流.每日吸引数千游客游览 西南首个生活垃圾分类主题公园正式建成.2021-11-19.https://cq.chinadaily.com.cn/a/202111/19/WS6197422aa3107be4979f9076.html.

[78] 周棨鸿,郭芯屹,刘洁.环城生态公园全环贯通一周,带来哪些变化?成都的美好与你环环相扣.2022-01-09.http://www.cdrb.com.cn/epaper/cdrbpc/202201/09/c92237.html.

[79] 科学家研发新型生物航空燃油:甘蔗做原料.2019-11-20.https://ibook.antpedia.com/x/376497.html.

[80] 云游出行.国外最另类的寺庙,用150万个啤酒瓶建造背后原因令人深思.2019-10-10.https://www.sohu.com/a/345928973_702844.

[81] 智游贵州.独具特色的镇宁石头寨.2019-10-02.https://k.sina.com.cn/article_2672110073_p9f4529f902700hpzi.html.

[82] 活久见…… 这是一本用石头做成的笔记本. 2017-04-01.https://www.sohu.com/a/131546484_610693.

[83] 找皮网.厉害了！德国鞋匠做出鱼皮鞋，每年产出45双左右.2018-01-30. https://www.sohu.com/a/219768348_99954332.

[84] 意林.象粪纸——一举多得的创意.2018-11-24.https://www.jingdianyulu.net/yilin/23871.html.

[85] 牛国强.塑料产品助力绿色、低碳冬奥会成功举办.2022-2-21. http://www.cppia.com.cn/front/article/21859/493.

[86] 以茶为道.茶的起源和发展简史. 2019-04-18. https://zhuanlan.zhihu.com/p/62842906.

[87] 半山居士.茶的种类.2021-12-09.https://zhuanlan.zhihu.com/p/329602480.

[88] 固废家园.德国筹办首个“零废弃”超市：所有商品无包装.2016-06-02. https://www.cn-hw.net/news/201606/02/43331.html.

[89] 生活报.废弃口罩成海洋新污染源 未来或进入食物链.2021-03-06. https://www.sohu.com/a/454397266_172952.

[90] 陈媛媛.石景山区衙门口城市森林公园10月1日正式开园. 2021-09-30. https://www.bjnews.com.cn/detail/163295955014371.html.

[91] aipan盼.新冠疫情下的生态环境“异象”.2020-11-11.https://baijiahao.baidu.com/s?id=1683056407303497628&wfr=spider&for=pc.